Ein Buch aus der Reihe

Management konkret

Manfred Perlitz
Randolf Schrank
Andreas Becker

Internationales Marketing

Der Marketing-Mix im globalen Umfeld

Management konkret

UVK Verlagsgesellschaft mbH
Konstanz und München

Autoren und Mitwirkende

Prof. Dr. Manfred Perlitz, Universität Mannheim
Professor Emeritus für Internationales Management
Prof. Dr. Randolf Schrank, Hochschule Mainz
Professur für Unternehmensführung und Internationales Management
Prof. Dr. Andreas Becker, Hochschule Aschaffenburg, Professor für Grundlagen der BWL und Marketing
Mit einer Fallstudie von
Adriana M. Nuneva, Heidelberger Druckmaschinen AG,
Global Marketing & Communications
Prof. Dr. Marcel Crisand, SRH-Hochschule Heidelberg
Professur für Allgemeine Betriebswirtschaftslehr
Prof. Dr. Michael Woywode, Universität Mannheim
Lehrstuhl für Mittelstandsforschung & Entrepreneurship

Bibliografische Information der Deutschen Bibliothek
Die Deutsche Bibliothek verzeichnet diese Publikation in der Deutschen Nationalbibliografie; detaillierte bibliografische Daten sind im Internet über <http://dnb.ddb.de> abrufbar.

ISBN 978-3-86764-598-0 (Print)
ISBN 978-3-86496-934-8 (EPUB)
ISBN 978-3-86496-935-5 (EPDF)

Einbandgestaltung: Susanne Fuellhaas, Konstanz
Einbandmotiv: ©psdesign1, iStockphoto.com

UVK Verlagsgesellschaft mbH
Schützenstraße 24 · 78462 Konstanz
Tel. 07531-9053-0 · Fax 07531-9053-98
www.uvk.de

Vorwort

Dem internationalen Marketing kommt im Rahmen der internationalen Unternehmensführung eine zentrale Rolle zu. Zum einen gleichen sich Produkte durch die rasante Entwicklung von Wettbewerbern aus den Schwellenländern aneinander an, so dass eine Differenzierung über ein effektives und effizientes Marketing zunehmend unabdingbar wird. Zum anderen zeigt sich an wohl keinem anderen Unternehmensbereich in dieser Deutlichkeit, wie abhängig der Erfolg des betriebswirtschaftlichen Instrumentariums von kulturellen Unterschieden und national unterschiedlichen Identitäten ist.

Gerade im operativen Marketing ist das Spannungsfeld zwischen nationaler Anpassung und globaler Vereinheitlichung besonders brisant und kann über den Erfolg der internationalen Unternehmenstätigkeit entscheiden.

Nicht zuletzt deshalb konzentriert sich der vorliegende Band auf den internationalen Marketing-Mix, also die operative Umsetzung des Marketinggedankens im internationalen Unternehmen. Für die Behandlung grundlegender Fragen, wie die der internationalen Markteintrittsstrategie, sei auf den Hauptband zum internationalen Management verwiesen, in welchem diese Fragen im strategischen Gesamtzusammenhang besprochen werden. Der vorliegende Text stellt das Thema aktualisiert und umstrukturiert für sich allein dar, bezieht sich jedoch im Wesentlichen auf das Lehrbuch „Internationales Management" (6. Auflage, UTB 2013).

Durch diese getrennte Herausgabe wird nicht zuletzt einer Studienstruktur Rechnung getragen, welche in den letzten Jahren zunehmend modularisiert wurde und welche das Fach „Internationales Management" in einzelne Teilvorlesungen aufgliedert. Es bleibt dennoch die Überzeugung der Autoren, dass es die Natur des internationalen Managements ist, verschiedene Teildisziplinen der Betriebswirtschaftslehre miteinander zu verbinden, um im internationalen Wettbewerb erfolgreich zu sein. Insofern ist jedwede Teilstrategie vor dem Hintergrund der strategischen Ausrichtung des Gesamtunternehmens zu sehen. Bei einer Behandlung des Faches als Ganzes wird daher empfohlen, diesen Bezug in der

Lehre und Praxis herzustellen und dabei gegebenenfalls auf das übergreifende Werk Bezug zu nehmen.

Der vorliegende Band kann in der Lehre auf der Bachelor- oder der Masterebene zum Einsatz kommen und je nach Positionierung als unterstützende Literatur in einem Kurs zum internationalen Management oder als eine Basisquelle im Bereich des internationalen Marketings dienen. Dem Praktiker bietet er einen kurzen kompakten Überblick über wichtige Konzepte und Instrumente.

Wir danken Herrn Prof. Dr. Marcel Crisand, Frau Adriana Nuneva und Herrn Prof. Dr. Michael Woywode für die Aufnahme einer Fallstudie zum Internationalen Markenmanagement bei der Heidelberger Druckmaschinen AG.

Mannheim, Mainz und Frankfurt a.M., Oktober 2015

Manfred Perlitz, Randolf Schrank und Andreas Becker

Inhaltsverzeichnis

1 Grundausrichtung des internationalen Marketings

Im Rahmen des internationalen Managements ist die Berücksichtigung des Marketings als Schnittstelle zwischen Unternehmen und Kunden von zentraler Bedeutung für die strategische Ausrichtung des Unternehmens. Durch die Heterogenität der einzelnen Ländermärkte wird gerade der operative Marketing-Mix zum Marktstein für die Umsetzbarkeit einer internationalen Strategie: Gelingt es, die globalen strategischen Grundsätze des Marketings auch in den einzelnen Ländermärkten umzusetzen? Diese umsetzungsorientierte Marketingkonzeption für die Gestaltung von Auslandsaktivitäten umfasst dabei die internationale Produkt-, Preis-, Vertriebs- und Kommunikationspolitik.

Die Internationalisierung der Unternehmenstätigkeit beeinflusst das Marketing nachhaltig. Das nationale Marketing kann sich auf die Bearbeitung eines Ländermarktes fokussieren. Im internationalen Kontext stellt die gesteigerte Komplexität hinsichtlich Planung, Organisation und Kontrolle der Marketingaktivitäten bei der Bearbeitung mehrerer internationaler Ländermärkte bzw. des Weltmarktes hohe Anforderungen an den Marketing-Manager. Im Zentrum steht die Sicherung von Effektivität und Effizienz aller marketingrelevanten Entscheidungen. Das Management muss bei der Entwicklung einer Marketingkonzeption der Frage nach dem Standardisierungs- bzw. Differenzierungsgrad der Marketingteilpolitiken, also der internationalen Produkt-, Preis-, Vertriebs- und Kommunikationspolitik, besondere Aufmerksamkeit widmen.

Die konkrete Ausgestaltung dieser marketingorientierten Teilpolitiken hängt von der strategischen Ausrichtung des internationalen Marketings ab. Man unterscheidet im Rahmen der strategischen Konzeption zwischen einem internationalen, multinationalen und globalen Marketing. Eine Abgrenzung erfolgt durch die beiden Kriterien: **Globalisierungsvorteile** und **Lokalisierungsvorteile** bzw. -**erfordernisse** *(Meffert, H./Burmann, C./Becker, C., 2010; Jobber, D./Ellis-Chadwick, F., 2012; Hünerberg, R., 1994; Meffert, H., 1989a; Perlmutter, H.V., 1973)*. Abbildung 1 gibt die sich aus dieser Abgrenzung ergebenden strategischen Orientierungen wieder.

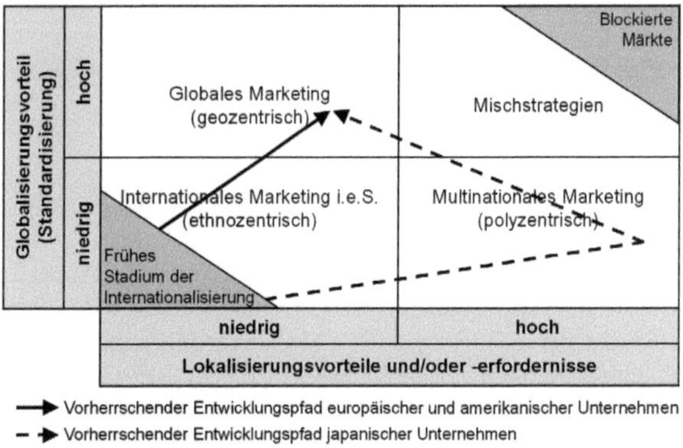

Abbildung 1: Strategische Konzeptionen für das internationale Marketing

Bestehen sehr geringe Lokalisierungserfordernisse und sehr niedrige Globalisierungsvorteile, dann befindet sich das Unternehmen in einem frühen Stadium der Internationalisierung. Mit wachsenden Globalisierungs- und Lokalisierungsvorteilen spricht man von internationalem Marketing. Die Marketingaktivitäten sind schwerpunktartig auf den Heimatmarkt konzentriert und es besteht i.d.R. nur eine begrenzte Notwendigkeit des Unternehmens, sich auf länderspezifische Besonderheiten einzustellen (ethnozentrische Orientierung).

Mit wachsenden Globalisierungs- und Lokalisierungsvorteilen spricht man von multinationalem oder globalem Marketing.

Sind die Lokalisierungsvorteile bzw. -erfordernisse hoch, die Globalisierungsvorteile jedoch niedrig, dann spricht man von einem multinationalen Marketing. Hier erhalten die Tochtergesellschaften des Unternehmens einen großen Entscheidungsspielraum, weshalb sie autonome lokale Marketingstrategien entwickeln können (polyzentrische Orientierung).

Bei hohen Globalisierungsvorteilen für das Unternehmen und geringen Lokalisierungsvorteilen bzw. -erfordernissen spricht man von einem globalen Marketing. Hier orientiert sich das gesamte Marketingkonzept an einer zentralen Strategie, die eine weltweite Ausnutzung von Kostenvorteilen durch standardisierte Massenprodukte anstrebt (geozentrische Orientierung). Sind die Globalisierungs- und die Lokalisierungsvorteile bzw. -erfordernisse hoch, handelt es sich entweder um blockierte Märkte oder es kommt zu Mischstrategien, die für den jeweiligen Einzelfall entwickelt werden müssen. *Perlmutter (Zentes, J./Swoboda, B./Schramm-Klein, H., 2013; Perlmutter, H.V., 1973)* unterscheidet zusätzlich noch ein an homogenen Ländergruppen ausgerichtetes Marketingkonzept (regiozentrische Orientierung), den die Tochtergesellschaften anhand der lokalen Gegebenheiten adaptieren (z.B. ein EUROPA-Konzept).

Im Fokus dieses Kapitels stehen aber weniger marketingstrategische Überlegungen, sondern vielmehr die einzelnen Aktionsparameter des internationalen Marketings.

2 Internationale Produktpolitik

Die internationale Produktpolitik setzt sich mit allen Entscheidungen auseinander, die die Gestaltung des Leistungsangebotes auf internationalen Märkten betreffen. Dies umfasst Entscheidungen über die Einführung neuer Produkte **(Produktinnovation)**, die Veränderung bestehender Produkte **(Produktvariation und -differenzierung)** und die Entfernung der Produkte vom Markt **(Produktelimination)**.

Bei der **Produktinnovation** sind insbesondere Entscheidungen über die Produktauswahl, die Produktbeschaffenheit bzw. -verpackung, das Produktimage, die Notwendigkeit für einen speziellen Produktservice und eine eventuell zu verfolgende Markenpolitik zu treffen. Im Zusammenhang mit der Produktinnovation ist die Frage zu diskutieren, inwieweit das Produkt aus Sicht des Unternehmens bzw. der Kunden in den jeweiligen Ländermärkten eine Neuigkeit darstellt.

Abbildung 2 stellt die unterschiedlichen Neuigkeitsausprägungen von Produktinnovationen aus Anbieter- und Nachfragersicht dar.

Neuigkeitsgrad aus Anbietersicht				
	hoch	Produkte, die neu für den Anbieter sind, aber auf dem Markt schon existieren	Neueinführung von Produkten in auf dem Markt bereits existierenden Produktlinien	„Weltneuheiten"
	mittel	Produktverbesserungen	Ausweitung existierender Produktlinien	Länderspezifische Adaption und Neueinführung von Produkten, die in anderen Ländern etabliert sind
	niedrig	Produktadaptionen (z.B. Kostenreduktionen) bei existierenden Produkten	Repositionierung existierender Produkte	Produkteinführung von Produkten, die auf anderen Ländermärkten bereits etabliert sind
		niedrig	**mittel**	**hoch**
		Neuigkeitsgrad aus Nachfragesicht		

Abbildung 2: Neuigkeitsgrade von Produktinnovationen
Quelle: In Anlehnung an: Zentes, J./Swoboda, B./Schramm-Klein, H., 2013

Bei der **Produktauswahl** ist zunächst die Bestimmung des Internationalisierungspotenzials eines Produktes für einen bestimmten Markt erforderlich. Darüber hinaus hat die internationale Marktforschung folgende Fragen zu beantworten *(Zentes, J./Swoboda, B./Schramm-Klein, H., 2013; Root, F.R., 1994; Hünerberg, R., 1994)*:

[1] Wer soll die Produkte im Ausland kaufen?

[2] Wer soll die Produkte im Ausland benutzen?

[3] Wie soll das Erzeugnis im Ausland benutzt werden?

[4] Wo soll das Erzeugnis im Ausland gekauft werden?

[5] Wie soll das Erzeugnis im Ausland gekauft werden?

[6] Warum soll das Erzeugnis im Ausland gekauft werden?

[7] Wann soll das Erzeugnis im Ausland gekauft werden?

Die Antworten auf diese Fragen liefern dem Unternehmen Informationen hinsichtlich des Standardisierungs- und Differenzierungspotenzials in der internationalen Produktpolitik.

Sind Produktanpassungen an den Auslandsmarkt nicht zwingend notwendig, kann das Unternehmen eine Standardisierung der Erzeugnisse im Ausland anstreben. Durch die **Produktstandardisie-**

rung versuchen Unternehmen, Kostendegressions- und Erfahrungseffekte bei der Leistungserstellung auszunutzen. Durch Massenproduktion, eine Verringerung der Lagerhaltung, Transportkostenerleichterungen und Vorteile in der Ersatzteilversorgung kann eine weltweite **Cost-Leadership-Strategie** angestrebt werden. Grundsätzlich setzt die Produktstandardisierung ein gewisses Maß an homogenen Kundenbedürfnissen in den unterschiedlichen Ländermärkten voraus. Konsumgüter weisen im Vergleich zu Industriegütern ein geringeres Standardisierungspotenzial auf *(Homburg, C., 2014)*.

Dem Spannungsfeld von Standardisierungsmöglichkeiten und Differenzierungserfordernissen kann im Rahmen der internationalen Produktpolitik in verschiedener Weise begegnet werden. So ermöglicht bspw. eine regionale Standardisierung mithilfe eines Modular-Designs eine länderspezifische Produktgestaltung zu wettbewerbsfähigen Kosten. Ein Beispiel für eine solche Produktgestaltung sind Automobile, bei denen die länderspezifische Differenzierung nur bei einzelnen Komponenten erfolgt (z.B. US-Kat), oder die Modulbauweise, die es ermöglicht, modulübergreifend auf gemeinsame Ausstattungs- oder Baugruppen zurückzugreifen. Die Anpassung an verschiedene Anforderungen wird auch durch eine built-in-flexibility (z.B. Druckformate und Schriftsätze bei Computern, Schwankungstoleranzen bei Autokraftstoffen) erreicht. Trotz eines hohen Standardisierungsgrades bedient das Produkt dabei unterschiedliche länderspezifische Standards *(Berndt, R./Fantapié Altobelli, C./Sander, M., 2010)*.

Eine **Standardisierung** wird häufig auch im Bereich der Markenpolitik angestrebt. Durch ein „Global Branding" sollen vor allem die Chance eines weltweiten Imagetransfers sowie Kostensenkungspotenziale aus einer standardisierten Unternehmenspolitik (z.B. durch Media-Overspill) genutzt werden. Die Risiken einer standardisierten Markenpolitik liegen vorrangig in negativen Assoziationen mit dem Markennamen und dem Markenlogo sowie einem Anreiz zur Markenpiraterie. Daraus ergeben sich verschiedene Anforderungen an eine internationale Markenpolitik *(Berndt, R./Fantapié Altobelli, C./Sander, M., 2010; Backhaus, K./Voeth, M., 2010; Homburg, C., 2014; Kreutzer, R., 1989a; Meffert, H./Althans, J., 1982)*:

[1] Der Name muss in allen relevanten Sprachen aussprechbar sein,

[2] der Name muss akustisch und visuell wiedererkennbar und einprägsam sein,

[3] der Name muss die beabsichtigte Assoziation mit dem Produkt erwecken und

[4] es muss ein gesetzlicher Markenschutz auf allen Märkten möglich sein.

Die Markenpolitik hat großen Einfluss auf das Produktimage, das im Ausland auch oft von dem Image des Landes abhängt, aus dem das Erzeugnis stammt (z.B. „Made in Germany" als country-of-origin-Effekt).

Eine **differenzierte Produktpolitik** ist auf länderspezifische Erfordernisse abgestimmt. Diese Abstimmung kann für den Markterfolg aufgrund der Unterschiede in den Bedürfnisstrukturen, den Wertvorstellungen, den Kaufkraftverhältnissen, dem Gebrauchs- und Verbrauchsverhalten, aber auch aufgrund gesetzlicher Anforderungen (z.B. bei pharmazeutischen Produkten oder Automobilen) entscheidend sein.

Ansatzpunkte für eine differenzierte Produktpolitik sind meist

- physikalische Merkmale des Produktes (z.B. Größe, Material, Gewicht), funktionale Eigenschaften (z.B. Qualität, Funktionserfüllung),
- ästhetische Merkmale (z.B. Design, Farbe, Duft),
- Verpackungen (z.B. Schutzfunktion, Farbe, Design, Verkaufsförderungsfunktion, Markennamenaufdruck) und
- Dienstleistungen (z.B. Bedienungsanleitungen, Installationserfordernisse, Garantievorschriften, Reparatur- und Wartungs- bzw. Ersatzteilerfordernisse) *(Backhaus, K./Voeth, M., 2010; Root, F.R., 1994; Sommer, C., 1994).*

Abbildung 3 zeigt Ansatzpunkte für die Produktanpassung im Ausland *(Cundiff, E.W./Hilger, M.T., 1988).*

Komponenten einer Produktstrategie	Verschiedene Wege zur internationalen Marktakzeptanz
Leistungsbezogene Produktkennzeichen	Größe, Kapazität, Zusatzausstattung
Produktsicherheit	Zielmarkt, Benutzertraining/-anleitung, Schutzvorrichtungen, Produktdesign
Produktqualität	Erwartete Gebrauchszeit, Wiederverwertbarkeit, Materialien (Design, Produktionsprozess)
Produktdesign/-styling	Farben, Materialien, Größe, Form, Gewicht, Zweckmäßigkeit
Verpackungsdesign	Farbe, Größe, Material, Form
Verpackungsaufdruck	Sprache(n), Bedienungsanleitung, Inhaltsstoffe, Warnhinweise
Garantien	Gesetzliche Haftung, zeitliche Periode, Prozent der Gesamtlebensdauer
Servicepolitik	Zielmarkt, leistungs- oder nicht-leistungsbezogene Kennzeichen, Marketing-Mix
Rückkaufpolitik	Rückkauf
Markenpolitik	Sprache(n), Lizenzen, Warenzeichenschutz

Abbildung 3: Produktanpassung im Ausland
Quelle: Cundiff, E.W./Hilger, M.T., 1988

Im Zusammenhang mit Produktinnovationen und -variationen ist auch die Frage nach den **Produkterneuerungszyklen** relevant *(Stern, T./Jaberg, H., 2007; Schikarski, H./Schikarski, F., 1998; Raffée, H./Segler, K., 1984)*. Lange Produkterneuerungszyklen stellen geringere Anforderungen an die Flexibilität der Produktionstechnologie und führen i.d.R. zu einer potenziell hohen Kostendegression. Gleichzeitig erschweren sie aber die Integration neuer Technologiebausteine, geben nur schwache Innovationsimpulse und führen leicht zu einem schlechten Innovationsimage. Bei kurzen Produkterneuerungszyklen besteht dagegen die Gefahr, dass ein „Imageanker" fehlt. Marginale Produktverbesserungen und ein Mangel an Kontinuität können als negativ empfunden werden. Wichtig ist dabei, die Einstellung der Konsumenten in verschiedenen Ländern zu berücksichtigen. So sind japanische Konsumenten i.d.R. sehr viel empfänglicher für schnelle Neuerungen im Design als deutsche Abnehmer.

In diesem Zusammenhang ist zu beachten, dass durch die Vermarktung im Ausland der Produktlebenszyklus eines Produktes verlängert werden kann. Ein Produkt kann sich im Ausland in einer frühen Phase des Produktlebenszyklus befinden, wohingegen im

Extremfall das gleiche Produkt im Inland am Markt nicht mehr erhältlich ist. Dies gilt insbesondere dann, wenn die in- und ausländischen Volkswirtschaften unterschiedlich entwickelt sind.

Grundlage für die Entscheidung über eine **Produktelimination**, d.h. ein Produkt aus dem Sortiment zu nehmen, ist die Durchführung einer Wirtschaftlichkeitsanalyse und eine Untersuchung der Altersstruktur des Sortiments. Dazu können z.B. Portfolio-Analysen auf der Basis des Produktlebenszyklusmodells verwendet werden. In jedem Fall müssen zudem Verbundeffekte zu anderen Produkten bei der Entscheidung berücksichtigt werden. Weitere Gründe für eine Produktelimination sind neue gesetzliche und kundenspezifische Anforderungen, die eine rentable Marktbearbeitung nicht mehr erlauben *(Berndt, R./Fantapié Altobelli, C./Sander, M., 2010).*

3 Internationale Preispolitik

Gegenstand der internationalen Preispolitik sind die Entscheidungen über das Entgelt für das Leistungsangebot, über die Liefer- und Zahlungsbedingungen, über mögliche Rabatte sowie über die internationale Preisdurchsetzung in den einzelnen Ländermärkten.

Die Preisbildung im Ausland wird von einer Vielzahl von unternehmensinternen und unternehmensexternen Faktoren beeinflusst, die sich z.T. wechselseitig beeinflussen. Zu diesen Faktoren gehören vor allem:

[1] Preisstrategien,

[2] Zahlungs- und Lieferbedingungen,

[3] Kosten,

[4] Konkurrenzsituation,

[5] Nachfragesituation,

[6] staatliche Regulierungen,

[7] Wechselkurs- und Inflationsentwicklung,

[8] Verrechnungspreise zwischen inländischer Mutter- und ausländischer Tochtergesellschaft.

3.1 Preisstrategien

Grundsätzlich kann zwischen der internationalen Preisstandardisierung, der internationalen Preisdifferenzierung und der sog. Preiskorridorstrategie unterschieden werden.

Eine internationale Preisstandardisierung sieht in den verschiedenen Märkten einheitliche Preise vor. Zielsetzung ist es, ein einheitliches Preisimage zu erreichen, Preisunsicherheit bei den Marktteilnehmern zu vermeiden und die Entstehung sog. Grauer Märkte zu verhindern. Eine vollständige internationale **Preisstandardisierung** ist für ein Unternehmen jedoch kaum durchsetzbar und meist auch nicht sinnvoll. Die länderspezifischen Kosten und Gegebenheiten und auch die Nachfrage- und Wettbewerbsstrukturen im Ausland sind oft zu verschieden *(Berndt, R./Fantapié Altobelli, C./ Sander, M., 2010; Backhaus, K./ Voeth, M., 2010; Simon, H./Wiese, C., 1995)*. Eine gewisse Ausnahme bietet der Euro-Raum im Rahmen der EU, der aufgrund von geringen Kosten bzw. gleicher Währung in einigen Branchen eine Preisharmonisierung ermöglicht.

Bei einer internationalen **Preisdifferenzierungsstrategie** passt sich das Unternehmen im Rahmen der Preisbildung an die jeweiligen Marktverhältnisse an und nutzt die unterschiedlichen Zahlungsbereitschaften der Konsumenten. Die Preisdifferenzierung kann nach kundenbezogenen, zeitlichen und räumlichen Kriterien vorgenommen werden. Im internationalen Marketing ist insbesondere die räumliche Preisdifferenzierung relevant. Häufig wird die Produktdifferenzierung durch eine unterschiedliche Gesetzgebung in einzelnen Märkten induziert. Mitunter wird die räumliche Preisdifferenzierung auch mit einer Produktdifferenzierung verknüpft. Die mit einer internationalen Preisdifferenzierung verbundene Zielsetzung divergiert zwischen den Unternehmen.

Einmal kann sich die internationale Preisdifferenzierung ausschließlich an den Preiselastizitäten und Preis-Absatz-Funktionen in den verschiedenen Ländern orientieren. Daneben führen möglicherweise steuerliche Aspekte zu einer internationalen Preisdifferenzierung. So kann das Unternehmen versuchen, den unterschiedlichen Steuerbelastungen in den verschiedenen Ländern durch differenzierte Abgabepreise zu begegnen, um eine Steueroptimierung zu erreichen.

Ein weiteres mögliches Ziel der internationalen Preisdifferenzierung ist die schnelle Markterschließung bzw. die gezielte Bekämpfung von Wettbewerbern im Ausland. Dies gilt insbesondere für sogenannte Schlüsselmärkte, bei denen es darauf ankommt, so schnell wie möglich eine Marktführerschaft zu erzielen.

Auch bei der internationalen Preisdifferenzierungsstrategie existiert eine Reihe von Problemen, die das Unternehmen beachten muss. Solche Problemfelder sind *(Berndt, R./Fantapié Altobelli, C./Sander, M., 2010; Diller, H., 1989; Berekoven, L., 1985a; Meffert, H./Althans, J., 1982)*:

[1] eine weltweit zunehmende Markt- bzw. Preistransparenz,

[2] die steigende Gefahr von Reimporten bzw. „Graumarktströmen“ aufgrund eines international besser organisierten Handels (z.B. durch Arbitrage),

[3] ein steigender wirtschaftspolitischer Widerstand und

[4] eine zunehmende Konkurrenz von Tochtergesellschaften und Lizenznehmern untereinander.

Ein Kompromiss zwischen einer internationalen Preisstandardisierungs- und Preisdifferenzierungsstrategie ist die **Preiskorridorstrategie** *(Keegan, W.J./Schlegelmilch, B.B./Stöttinger, B., 2002)*. Um ein Minimum an Standardisierung bei der internationalen Preisfestsetzung zu erreichen, werden generelle Preisrichtlinien für Auslandsmärkte festgelegt. Ziel ist es dabei, möglichst ein einheitliches Preis-Leistungs-Image auf allen Märkten zu schaffen, um Reimporte zu verhindern *(Meffert, H./Burmann, C./Becker, C., 2010)*. Dabei erfolgt eine zentrale Preisvorgabe durch das Stammhaus in Form von Bandbreiten um einen Referenzpreis und eine dezentrale Festlegung der Endpreise durch das nationale Management *(Berndt, R./Fantapié Altobelli, C./Sander, M., 2010; Meffert, H./Althans, J., 1982)*. Neben der Bestimmung der Bandbreite ist das Problem bei der Festsetzung solcher Preiskorridore die Durchsetzbarkeit der Preise auf den Handelsstufen, da in vielen Ländern eine Preisbindung der zweiten Stufe (vertikale Preisbindung) nicht zulässig ist *(Kreutzer, R., 1989a)*. Die Höhe der Bandbreite richtet sich bei der Preiskorridorstrategie auch nach den Arbitragekosten. Die Arbitragekosten sind maßgeblich dafür, ob Reimporte aus dem Ausland sinnvoll sind. Sind die Arbitragekosten größer als die Bandbreite, dann lohnen sich entsprechende Reimporte nicht. Mitunter wird diese Preispolitik auch zu einem internationalen kalkulatorischen Gewinnausgleich verwendet.

Ferner muss ein Unternehmen entscheiden, ob es für den Markteintritt in einem ausländischen Markt eine Hochpreis- oder eine Niedrigpreisstrategie wählt. Im Fall der sog. Skimmingpreisstrategie tritt das Unternehmen mit hohen Preisen in den Markt ein, um Zahlungsbereitschaften der ausländischen Konsumenten abzuschöpfen. Tritt das Unternehmen mit niedrigen Preisen im Markt an, spricht man von einer sog. Penetrationsstrategie. Die Zielsetzung besteht hier in der schnellen Generierung von Marktanteil und dem Aufbau von Markteintrittsbarrieren für Konkurrenten im Auslandsmarkt.

3.2 Zahlungs- und Lieferbedingungen

Die Festlegung der Zahlungs- und Lieferbedingungen hat insbesondere im internationalen Anlagengeschäft große Bedeutung. Die **Lieferbedingungen** (z.B. Incoterms) bestimmen u.a. die Kostenverteilung und den Zeitpunkt der Waren- und damit auch der Gefahrenübernahme *(Berndt, R./Fantapié Altobelli, C./Sander, M., 2010; Meffert, H./Burmann, C./Becker, C., 2010; Meffert, H./Althans, J., 1982)*.

Zahlungsbedingungen regeln die Zahlungspflichten des Käufers. Sie sind vor allem in devisenschwachen Ländern oft ein wesentlicher Bestandteil der Preisfestlegung im Ausland. Als wesentliche Zahlungsformen gelten *(Zentes, J./Swoboda, B./Schramm-Klein, H., 2013)*:

[1] Vorauszahlungen,

[2] Anzahlungen,

[3] Abschlagszahlungen/Pro-Rata-Zahlung,

[4] Zahlung bei Lieferung/Zahlung durch Nachnahme und

[5] Zahlung gegen die einfache Rechnung.

Auch funktionale Nachlässe oder Mengenrabatte sind bei der Preisfestlegung im Ausland zu beachten. Dies gilt verstärkt beim indirekten Export, um die Zwischenhändler entsprechend zu motivieren, ihre Verkaufsanstrengungen zu verstärken.

Die **Gestaltung der Finanzierungs- und Kapitalkosten** für den ausländischen Abnehmer spielt vornehmlich im Investitionsgüterbereich bei der Preisfestlegung eine wichtige Rolle.

Daneben kann der ausländische Partner auf ein Kompensationsgeschäft drängen, was wiederum bei der Preisfestlegung im Ausland berücksichtigt werden muss.

Mitunter kommt es auch zu **Leasingverträgen** mit ausländischen Geschäftspartnern. Diese Form der Zusammenarbeit mit einem ausländischen Partner bedingt meist eine für dieses Geschäft adäquate Preisfestlegung.

3.3 Kostenorientierte Preisfestlegung im Ausland

Die Preisfestlegung im Ausland stellt für Unternehmen insbesondere dann eine extrem schwierige Aufgabe dar, wenn sie über keine großen Auslandserfahrungen verfügen. Deshalb versuchen sie, Preise aus Kostengesichtspunkten abzuleiten und beziehen dabei die durch die Auslandstätigkeiten entstehenden zusätzlichen Kosten in ihre Überlegungen mit ein *(Berndt, R./Fantapié Altobelli, C./Sander, M., 2010; Backhaus, K./Voeth, M., 2010; Meffert, H./Burmann, C./Becker, C., 2010)*. Auch wenn dies nicht immer zu einer optimalen Preispolitik im Ausland führt, bedient sich eine Vielzahl von Unternehmen insbesondere in der Exportwirtschaft der kostenorientierten Preisfestlegung. Die kostenorientierte Preisfestlegung wird häufig zur Ermittlung der Preisuntergrenze genutzt *(Zentes, J./Swoboda, B./Schramm-Klein, H., 2013)*.

Die durch eine Auslandsaktivität zusätzlich anfallenden Kosten führen im Ausland oft zu einem höheren Preis als im Inland **(Preiseskalationseffekt)**. Solche zusätzlichen Kosten, die im Ausland auftreten, entstehen:

[1] **durch die eigentliche Geschäftstätigkeit im Ausland**.

Hierunter fallen Exportkosten für den ausländischen Markt (z.B. Transport-, Versicherungs-, spezielle Verpackungskosten, Vertriebsprovisionen, Versanddokumente), Verwaltungsgemeinkosten für den Exportvertrieb sowie länderspezifische Kosten der Exportmarktbearbeitung (z.B. sonstige Distributions- und Handelskosten, Werbung, Marktforschung). Auch auslandsspezifische Herstellkosten, z.B. für spezielle Produktanforderungen, beeinflussen die Preisfestlegung.

[2] **durch unterschiedliche Kostenstrukturen im In- und Ausland**.

So ist es z.B. bedeutsam, ob eine eigene Produktion bzw. eine Lizenzproduktion im Ausland stattfindet oder ob im Inland produziert und ins Ausland exportiert wird. Je nachdem, welcher Produktionsstandort gewählt wird, kommt es zu unterschiedlichen Arbeits-, Material- oder Kapitalkosten. Durch unterschiedliche Kostenstrukturen im In- und Ausland können gegebenenfalls die tendenziell höheren Kosten der Auslandsmarktbearbeitung kompensiert werden.

[3] **durch spezielle Risiken im Auslandsgeschäft**.

Zu nennen sind hier z.B. Kostenaufschläge für Währungs- und Ausfallrisiken, aber auch für einen Inflationsausgleich.

[4] **durch staatliche Maßnahmen**.

Dazu gehören Zölle, ausländische Steuern, Abgaben etc. Aber auch Kosten durch andere staatliche Regulierungen wie z.B. der Produzentenhaftung fallen in diese Kategorie. Allerdings muss eindeutig festgestellt werden, dass der Preis auf den Auslandsmärkten im Wesentlichen durch die dort herrschende Nachfragesituation determiniert wird. Höhere Kosten der Auslandsaktivität können daher nicht immer auf den Kunden „übergewälzt" werden.

Für eine kostenorientierte Preisfindung lassen sich im Wesentlichen folgende drei Ansätze unterscheiden *(Hünerberg, R., 1994)*:

[1] Full-Cost Pricing

[2] Incremental-Cost Pricing

[3] Profit-Contribution Pricing.

Beim **Full-Cost Pricing** ergibt sich der Preis aus den Vollkosten. Der Vorteil dieser Methode liegt in der scheinbaren Einfachheit der Berechnung und der Sicherstellung eines Gewinns im Auslandsgeschäft. Die Methode steht aber im Widerspruch zum Ziel der Gewinnmaximierung, da sie die Nachfrage- und Konkurrenzsituation nicht entsprechend berücksichtigt *(Root, F.R., 1994)*. Diesem Problem versucht man dadurch zu begegnen, indem auf den Inlandspreis ein Exportaufschlag kalkuliert wird. *Root* gibt hier zu bedenken, dass diese Art der Preisermittlung zu einer Preissteigerung führt, die den erwünschten Erfolg im Ausland gefährden kann. Ferner verweist er auf das ungelöste Problem der Trennung zwischen variablen und fixen Kosten für Exportaktivitäten.

Die Problematik der Trennung der fixen und variablen Kosten berücksichtigt die Preisfestsetzung auf der Grundlage von Grenzkosten **(Incremental-Cost Pricing)**. Die Grenzkosten umfassen dabei die Kosten, die durch den Markteintritt ins Ausland zusätzlich entstehen. Der Preis wird durch die Grenzkosten bestimmt, die aus der Auslandsaktivität resultieren, zuzüglich eines Deckungsbeitrages. Auch hier gilt die Kritik, die an der Kalkulation der Preise auf Vollkostenbasis geübt wurde. Die Nachfrage- und Konkurrenzsituation werden auch hier nicht adäquat berücksichtigt.

Preis ($)	Verkaufs-einheiten	Umsatz-erlöse ($)	Umsatz-kosten ($)	Deckungs-beiträge ($)
6	0	0	0	0
5	2	10	2	8
4	5	20	5	15
3	7	21	7	14
2	9	18	9	9
1	10	10	10	0

Abbildung 4: Profit-Contribution Pricing

Ein anderer Weg zur Bestimmung des Preises kann mithilfe von Gewinnbeiträgen **(Profit-Contribution Pricing)** vorgenommen werden. Hier wird die Nachfragefunktion bei der Preisfestlegung berücksichtigt. Es wird zuerst ermittelt, wie hoch die Nachfrage nach bestimmten Erzeugnissen bei unterschiedlichen Preisen ist (Bestimmung der Preis-Absatz-Funktion) und anschließend nach dem Preis gesucht, der den Gewinn maximiert. Abbildung 4 gibt eine solche Preisbestimmung wieder. Danach wird das Unternehmen, das ein Gewinnmaximum anstrebt, einen Preis von $ 4 im

Ausland verlangen, wenn unterstellt wird, dass nur volle Dollarbeträge als Preis in Betracht kommen *(Root, F.R., 1994)*.

Problematisch ist bei diesem Verfahren der Preisfindung die Schätzung der Preis-Absatz-Funktion, insbesondere bei fehlender Markterfahrung wie z.B. bei Markteintritt oder Produktinnovationen im Ausland *(Simon, H./Fassnacht, M., 2009)*. Darüber hinaus lässt sich in vielen Ländern feststellen, dass aus psychologischen Gründen mit gebrochenen Preisen gearbeitet wird, die knapp unter vollen Geldbeträgen liegen (z.B. 2,99 €).

3.4 Konkurrenzorientierte Preisfestlegung im Ausland

Die **Anzahl** der im Ausland vorhandenen Konkurrenten ist für die Preisfestlegung mitentscheidend. Dabei geht es vor allem um die Frage, ob das inländische Unternehmen in dem betreffenden Land eine monopolartige Stellung einnehmen kann oder als ein Konkurrent unter vielen auftritt. Konkurriert das Unternehmen mit vielen Wettbewerbern, dann ist der Preis für das Unternehmen ein Datum und es kann sich nur als Mengenanpasser verhalten. Diese Situation liegt besonders dann vor, wenn es sich um Commodity-Märkte handelt und es somit in den Augen der Kunden kaum Produktdifferenzierungen zwischen den Erzeugnissen unterschiedlicher Anbieter gibt. Für die Abnehmer wird dann der Preis die kritische Entscheidungsgröße *(Meffert, H./Burmann, C./Becker, C., 2010; Backhaus, K./Voeth, M., 2010)*.

Eine konkurrenzorientierte Preisbildung kann sich auch an den Preis-Leistungs-Relationen einzelner Produkte auf den jeweiligen Auslandsmärkten orientieren. Hierzu werden die wahrgenommene Produktqualität unterschiedlicher Anbieter im Markt und deren jeweilige Preise gegenübergestellt. Anhand einer Preis-Leistungskurve, die die für verschiedene Qualitätsniveaus erzielbaren Durchschnittspreise angibt, wird deutlich, ob Qualitäts- mit marktverträglichen Preissteigerungen einhergehen. Hat die Kurve einen degressiven Verlauf, so fallen Preissteigerungen bei Qualitätssteigerungen unterproportional aus *(Berndt, R./Fantapié Altobelli, C./Sander, M., 2010)*. Die prinzipielle Vorgehensweise verdeutlicht Abbildung 5.

Es ist zu überprüfen, ob der Preis von Produkt P1 mindestens auf das Niveau der Preis-Leistungs-Kurve oder sogar auf das Niveau von Produkt P3 zu senken ist, um eine Abwanderung von P1 zu verhindern.

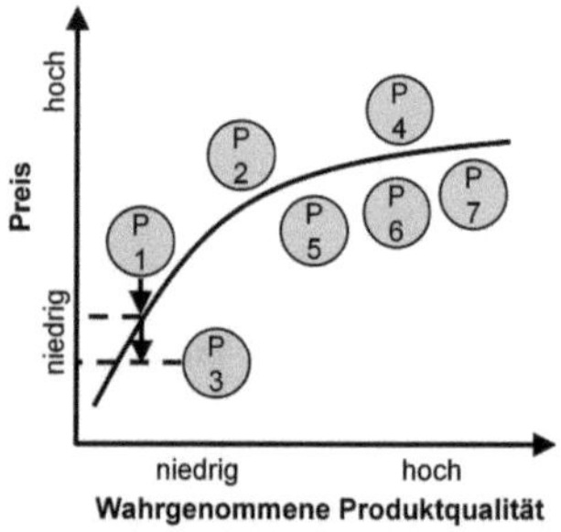

Abbildung 5: Preis-Leistungs-Relationen im Auslandsmarkt
Quelle: In Anlehnung an: Berndt, R./Fantapié Altobelli, C./Sander, M., 2010

Die **Marktstellung** des Unternehmens im Ausland beeinflusst in erheblichem Umfang die Möglichkeit einer differenzierenden Preispolitik *(Berndt, R./Fantapié Altobelli, C./Sander, M., 2010; Bea, F.X./Bentel, R., 1992)*. Eine solche Politik dient dazu, wettbewerbsstrategische Ziele der Unternehmung wie z.B. Marktanteilssteigerungen oder Gewinnmaximierung zu erreichen. Während die Strategie der Kosten- (oder richtiger: der Preis-)Führerschaft die konsequente Unterbietung der Konkurrenzpreise verlangt, erlaubt eine Differenzierungsstrategie durch einen monopolähnlichen Konkurrenzvorteil eine Hochpreispolitik. Ausdruck finden diese Wettbewerbsziele in den bereits erwähnten zwei preispolitischen Strategien: der Abschöpfungs- bzw. Skimming- und der Penetrationsstrategie. Der Einsatz dieser Strategien wird u.a. durch die Stellung des Produktes im Produktlebenszyklus beeinflusst.

Die **internationale Abschöpfungspreisstrategie** versucht, durch relativ hohe Preise im Ausland hohe Deckungsbeiträge pro Mengeneinheit zu erzielen *(Hollensen, S., 2014; Meffert, H./Althans, J., 1982)*. Diese Preisstrategie wird insbesondere dann relevant, wenn das Erzeugnis im Ausland am Beginn des Produktlebenszyklus steht und die Konkurrenz schwach ist. Im Anschluss an diese Hochpreisphase senkt das Unternehmen im Ausland schrittweise den Preis mit dem Ziel, potenzielle Wettbewerber von einem Markteintritt abzuhalten.

Der Vorteil dieser Strategie liegt darin, dass das Unternehmen schnell seine Kosten und Investitionen für die Auslandsaktivität amortisiert. Dem Unternehmen ist es dadurch möglich, Pioniergewinne zu erzielen und eventuell das Image eines Hochpreis-/Qualitätsführerschafts-Unternehmens zu erreichen. Solche Hoch- oder Premiumpreisstrategien finden sich vor allem bei exklusiven Produkten wie z.B. Parfüm, Kleidung oder Automobilen (Beispiele hierfür sind Sports Utility Vehicles oder neue Crossover-Segmente wie etwa der „Sportstourer" 5er GT). Der Nachteil besteht darin, dass durch den hohen Preis im Ausland Wettbewerber, mitunter schneller als geplant, angezogen werden und sich damit die Gewinnsituation schnell verschlechtert.

Durch eine **penetrationsorientierte Preispolitik** im Ausland besteht die Möglichkeit, dass ein Unternehmen mithilfe eines niedrigen Preises in sehr kurzer Zeit einen hohen Marktanteil in einem bestimmten Land erreicht, wodurch Kostendegressions- und Erfahrungseffekte erzielt werden. Diese können als Markteintrittsbarrieren dienen und es Konkurrenten erschweren, auf diesem Markt Fuß zu fassen *(Hollensen, S., 2014; Zentes, J./Swoboda, B./Schramm-Klein, H., 2013)*.

Diese Preisstrategie wirkt sich jedoch nachteilig auf die anfängliche Gewinnsituation des Unternehmens aus. Es muss zunächst Verluste oder niedrige Gewinnmargen akzeptieren und die entgangenen Gewinne als Investition in die Zukunft des Auslandsmarktes betrachten.

Als langfristige Strategie kann die penetrationsorientierte Preispolitik sinnvoll sein, wenn das Marktpotenzial entsprechend groß ist (Economies-of-Scale-, Erfahrungseffekte), die Entwicklungskosten nicht zu hoch sind und das Unternehmen die Marketing- und Produktionskapazitäten hat, um die Nachfragemenge im Ausland zu bedienen. Oft bringt diese Strategie einen Innovationseffekt mit sich. Durch die hohen Nachfragemengen im Ausland sind mitunter neue Fertigungsanlagen notwendig, die die modernsten Fertigungstechnologien repräsentieren. Damit kommt es zu einer Rationalisierungs- und Modernisierungswelle im Fertigungsbereich von Unternehmen.

3.5 Kundenorientierte Preisfestlegung im Ausland

Bei in- und ausländischen Kunden bestehen möglicherweise **unterschiedliche Produktnutzenvorstellungen** und damit verschiedene Preisvorstellungen für ein Produkt. In diesem Zusammenhang ist das Kaufkraftniveau im Ausland ebenso wichtig wie die Frage, ob es sich bei einem Produkt in dem betreffenden Land um ein Luxus- oder um ein Massenerzeugnis handelt. Auch der Prestigenutzen kann im Ausland erheblich höher sein als im Inland. Dies gilt z.B. für viele westliche Produkte in Entwicklungsländern. Wesentlicher Bestandteil der abnehmerorientierten Preisfindung ist dabei die Ermittlung der Preisbereitschaft der Abnehmer bzw. die Schätzung der Preis-Absatz-Funktion. Daraus ergibt sich die Möglichkeit einer zielgruppenspezifischen Preisgestaltung *(Meffert, H./ Burmann, C./Becker, C., 2010; Backhaus, K./Voeth, M., 2010)*. Neben der landesspezifischen Preisfixierung spielt die unterschiedliche Preisgestaltung nach Abnehmergruppen eine entscheidende Rolle. So erwarten und erhalten Großabnehmer zumeist einen durchschnittlich höheren Rabatt (z.B. Firmenwageneinkäufe) *(Pietsch, D./ Strunkmann-Meister, P. 2005)*.

3.6 Einfluss staatlicher Regulierungen auf die Preisfestlegung im Ausland

Nichttarifäre Handelshemmnisse und **kartellrechtliche Bestimmungen** beeinflussen oft die Preisfestlegung im Ausland. Daneben sind Preiskontrollen im Ausland möglich, die Minimal- oder Maximalpreise, Preisstopps, Preisbindungs- oder Rabattvorschriften umfassen. Solche staatlichen Restriktionen finden sich insbesondere in regulierten Märkten wie z.B. im Pharma- oder Versicherungsbereich.

Diskriminierende Steuervorschriften, Dumpingstrafen und Export- bzw. Importbestimmungen wirken sich unter Umständen ebenfalls auf die Preisfestlegung im Ausland aus.

Der Endverbraucherpreis wird auch durch Steuervorschriften beeinflusst. Hierzu zählt insbesondere die Mehrwertsteuer. Die Mehrwertsteuersätze schwanken international stark. Innerhalb der EU-Mitgliedsstaaten bewegen sich die Sätze zwischen 15% in Luxemburg und Zypern bis zu 25% in Dänemark, Schweden und Ungarn *(Europäische Kommission – Steuern und Zollunion, 2011, online)*. Dieser Sachverhalt muss bei der internationalen Preisbildung berücksichtigt werden. Neben unterschiedlichen Mehrwertsteuersätzen divergieren auch die Steuern und Abgaben auf Logistikdienstleistungen und damit die Preise *(Backhaus, K./Voeth, M., 2010)*. Höhere Transportkosten können wiederum an den Kunden über den Endverbraucherpreis weitergegeben werden.

3.7 Einfluss von Wechselkurs- und Inflationsentwicklungen auf die Preisfestlegung im Ausland

Die Preispolitik im Ausland wird von der Entwicklung der Wechselkurse und der Inflation der jeweiligen Länder stark beeinflusst *(Berndt, R./Fantapié Altobelli, C./Sander, M., 2010; Homburg, C./Krohmer, H., 2009; Simon, H., 1992)*. Um sich gegen solche Entwicklungen finanziell abzusichern, sind unterschiedliche Instrumente entwickelt worden, die im Kapitel zur internationalen Finanzierung vorgestellt werden.

3.8 Verrechnungspreise zwischen inländischer Muttergesellschaft und ausländischer Tochtergesellschaft

Ein weiteres Problem der internationalen Preispolitik ist die Festlegung von Verrechnungspreisen bei einem Leistungsaustausch zwischen verbundenen in- und ausländischen Unternehmen *(Homburg, C., 2014; Czinkota, M.R./Ronkainen, I.A., 2013)*. Liefert z.B. das Motorenwerk eines internationalen Automobilkonzerns in Land A Motoren an ein Fertigungswerk in Land B, so werden dem Fertigungswerk Transferpreise berechnet, die vom Marktpreis abweichen..

Die Bedeutung von Verrechnungspreisen liegt nicht nur in der Beeinflussung intraorganisationaler Gewinn- und Kostenstrukturen, sondern beeinflusst über die Kostensituation der einzelnen

Unternehmenseinheiten auch die Preisbildung in den jeweiligen Ländermärkten.

Zur Bestimmung von Verrechnungspreisen werden drei allgemeine Ansätze unterschieden *(Meffert, H./Burmann, C./Becker, C., 2010; Drumm, H.J., 1989)*:

[1] Das Unternehmen greift auf das Transferpreissystem für seine Inlandsgeschäfte zurück, soweit es den Anforderungen in- und ausländischer Finanzverwaltungen entspricht.

[2] Das Unternehmen entwickelt für seine Auslandsbeziehungen ein eigenes Verrechnungspreissystem.

[3] Das Unternehmen bildet Verrechnungspreise nach dem Prinzip der verlustfreien Bewertung bzw. der Resale Price Method.

Verrechnungspreise können im Hinblick auf das Ziel der **optimalen Allokation** der Ressourcen und/oder der **Gewinnverlagerung** mit dem Subziel der **Steuerminimierung** formuliert werden *(Cavusgil, S.T./Knight, G./Riesenberger, J.R., 2014; Pausenberger, E., 1992)*. Durch ihre **Motivations- und Kontrollfunktion** werden Verrechnungspreise auch zur Steuerung von Tochtergesellschaften im Ausland eingesetzt.

Im internationalen Unternehmen kann es zu Konflikten zwischen diesen Zielsetzungen kommen. Zum einen kann dieser Konflikt zwischen der inländischen Mutter- und der ausländischen Tochtergesellschaft und zum anderen zwischen einzelnen Konzernunternehmen und der in- bzw. ausländischen Finanzverwaltung auftreten.

Die in der Literatur vorgeschlagenen Methoden zur Bestimmung von Verrechnungspreissystemen, die eine optimale Steuerung des Unternehmens und einen größtmöglichen Motivationseffekt erbringen sollen, lassen sich zwar theoretisch auch auf internationale Unternehmen übertragen, sind in der Praxis aber nur bedingt anwendbar *(Homburg, C., 2014; Macharzina, K., 1976)*. Vielfach ist die Implementierung derartiger Transferpreissysteme mit einer Reihe technischer, organisatorischer und personeller Widerstände verbunden.

In der Praxis beziehen sich internationale Unternehmen auf die folgenden Bestimmungsgrößen für die Ermittlung von Verrechnungspreisen *(Homburg, C., 2014; Albaum, G./Duerr, E., 2011; Czinkota,*

M.R./Ronkainen, I.A., 2013; Kotabe, M./ Helsen, K., 2014; Meffert, H./ Burmann, C./Becker, C., 2010; Drumm, H.J., 1989):

[1] Verrechnungspreise auf der Basis marktpreisorientierter Listenpreise,

[2] Verrechnungspreise auf der Basis von Vollkosten,

[3] Verrechnungspreise auf der Basis von Vollkosten zuzüglich eines bestimmten Gewinnaufschlags und

[4] Verrechnungspreise auf der Basis ausgehandelter Preise.

Auch die in der Praxis angewandten Verrechnungspreissysteme genügen nur selten dem Anspruch einer optimalen Allokation und einer maximalen Motivationswirkung.

Bei der Bestimmung der Verrechnungspreise zwischen Konzerngesellschaften eines international tätigen Unternehmens muss eine Reihe von engen gesetzlichen Regelungen berücksichtigt werden. Die OECD-Empfehlung des Committee on Fiscal Affairs bestimmt genauso eine „**at arm‘s length clause**" wie das Außensteuergesetz der Bundesrepublik Deutschland *(Sothmann, T., 2010; Wöhrle, W./Schelle, D./Groß, E., 1985; OECD, 1979)*.

So schreibt § 1 AStG vor, dass in allen Fällen, in denen die internationale Unternehmung Geschäftsbeziehungen mit ausländischen Konzerngesellschaften unterhält, für die erbrachten Leistungen Verrechnungspreise in angemessener Höhe abgerechnet werden müssen. Für die Frage der Angemessenheit ist der sogenannte Fremdvergleich unter grundsätzlicher Orientierung am Markt- oder Börsenpreis vorzunehmen. Mit dieser Vorschrift soll eine Gewinnverlagerung in Niedrigsteuerländer verhindert werden.

Da für Zwischenprodukte Markt- oder Börsenpreise vielfach nicht existieren und damit ein Preisvergleich nicht möglich ist, erfolgt in solchen Fällen eine Orientierung am Liquidationserlös oder an den Kosten, gegebenenfalls mit einem Gewinnaufschlag. Auch retrograde Verrechnungspreissysteme werden zur Bestimmung der Angemessenheit von Verrechnungspreisen herangezogen. Dabei werden von den „Marktpreisen" die jeweils „üblichen" Gewinnaufschläge abgezogen. In der Praxis zeigt sich jedoch, dass durch die Vorschriften des Außensteuergesetzes Gewinnverlagerungen höchstens eingeschränkt, nicht jedoch vollständig verhindert werden können *(Drumm, H.J., 1989)*.

4 Internationale Kommunikationspolitik

Die Kommunikationspolitik des internationalen Unternehmens hat das Ziel, die Meinungen, Einstellungen und das Verhalten der Nachfrager im Ausland im Sinne der Unternehmensziele zu beeinflussen. Dabei kommt es zu einer Kommunikation zwischen dem Sender (das Unternehmen) und den Empfängern (z.B. aktuelle oder potenzielle Nachfrager im Ausland), die in unterschiedlichen Umwelten beheimatet sind. Auch im Hinblick auf die internationale Kommunikationsstrategie ist die Frage nach der Standardisierung und Differenzierung zu diskutieren. Der internationale Kommunikationsmix schließt Werbung, Verkaufsförderung, Öffentlichkeitsarbeit, Messen, Sponsoring sowie Direkt-Marketing ein *(Berndt, R./ Fantapié Altobelli, C./Sander, M., 2010; Nieschlag, R./Dichtl, E./Hörschgen, H., 2002; Meffert, H./Burmann, C./Becker, C., 2010)*. Das Rahmenkonzept für den internationalen Kommunikationsmix bildet die internationale Corporate-Identity-Politik (CI) des Unternehmens *(Homburg, C./ Kuester, S./Krohmer, H., 2013)*. Deren wesentliche Elemente bilden das **Corporate Design**, die **Corporate Communication** und das **Corporate Behavior**. Corporate Design umfasst die Vorgaben für die visuellen Elemente der Kommunikation. Corporate Communication gewährleistet die CI-Umsetzung im Hinblick auf die Kommunikationsinstrumente. Corporate Behavior zielt auf das einheitliche Auftreten der Mitarbeiter eines Unternehmens insbesondere im Kundenkontakt ab. Die Ausgestaltung der einzelnen Instrumente des Kommunikationsmix muss sich an den CI-Vorgaben orientieren, um ein konsistentes Erscheinungsbild des Unternehmens zu gewährleisten. So soll z.B. markenschädigende Kommunikation unterbunden und weltweite Identifikation gefördert werden.

Die Besonderheiten der internationalen Kommunikationspolitik ergeben sich durch die folgenden Kommunikationsbarrieren, die zugleich eine internationale Standardisierung erschweren *(Berndt, R./Fantapié Altobelli, C./Sander, M., 2010; Homburg, C., 2014)*:

[1] kulturelle, insbesondere sprachliche Unterschiede,

[2] rechtliche Unterschiede,

[3] ökonomische Unterschiede,

[4] Unterschiede in den lokalen Handelsstrukturen,

[5] Unterschiede im Geschmack und in den Verhaltensweisen der Kunden,

[6] Unterschiede bzgl. der Medieninfrastruktur und dem -nutzungsverhalten und

[7] Unterschiede in der Verfügbarkeit von Werbeagenturen.

4.1 Kommunikationspolitische Strategien

Die Kommunikationsstrategie umfasst Richtlinien hinsichtlich des Einsatzes der Kommunikationsinstrumente im In- und Ausland *(Zentes, J./Swoboda, B./Schramm-Klein, H., 2013; Meffert, H./Althans, J., 1982)*. Die Diskussion, ob es für ein international operierendes Unternehmen besser ist, die Kommunikationspolitik weltweit einheitlich zu konzipieren **(Standardisierung)** oder eine an die Erfordernisse des jeweiligen Landes angepasste Strategie **(Differenzierung)** zu verfolgen, wurde bereits in den 1960er Jahren kontrovers geführt (für die Zusammenfassung der Diskussion *Lorimor, E.S., 1979*). Das Wiederaufgreifen dieses Themas zu Beginn der 1980er Jahre erfolgte im Rahmen der Diskussion über die Probleme der Globalisierung der Märkte, der Existenz von Weltmarken und der globalen Werbung. Auslöser dieser aktuellen Kontroverse waren u.a. die Ausführungen von *Levitt (Levitt, T., 1983)*, der wegen des zunehmenden Wettbewerbsdrucks in Globalisierungsstrategien die wichtigste Überlebenschance internationaler Unternehmen sah. Dabei wird auf die Konvergenzthese der Internationalisierung verwiesen, die von einer relativen Annäherung der demografischen Merkmale und Lebensstile der Konsumenten in verschiedenen Ländern ausgeht.

Diese These erscheint jedoch fragwürdig oder nur für spezielle Weltmarktsegmente relevant. Die Globalisierungsskeptiker weisen auf die zunehmende Fragmentierung und Regionalisierung der Nachfragestrukturen hin, die der Konzeption einer einheitlichen Kommunikationsstrategie entgegenstehen. Sie plädieren deshalb für ein differenziertes Vorgehen *(Berndt, R./Fantapié Altobelli, C./Sander, M., 2010; Fisher, A.B., 1984)*.

Neben der Standardisierung und der Differenzierung der internationalen Kommunikationsstrategie haben sich in der Praxis auch Mischformen herausgebildet, die als Dachkampagnen bezeichnet werden. Eine weitere Möglichkeit liefert eine von den fünf bis zehn wichtigsten Märkten getragene „Rahmenkampagne", die dann für die kleineren Märkte zur Verfügung gestellt und lokal adaptiert wird.

4.1.1 Standardisierung der internationalen Kommunikationsstrategie

Standardisierte internationale Kommunikationsstrategien zeichnen sich dadurch aus, dass ohne besondere Berücksichtigung nationaler Wünsche oder Bedürfnisse und unter bewusster Inkaufnahme national suboptimaler Strategien eine weltweit einheitliche Strategie zu realisieren versucht wird. Die Standardisierung der internationalen Kommunikation resultiert aus einer Globalisierungsstrategie und basiert auf der Annahme, dass die Märkte weltweit immer ähnlicher werden. Diese **Konvergenzthese** stützt sich auf eine Reihe von Annahmen und Beobachtungen.

So wird angenommen, dass Kostenvorteile bei einer Globalisierung wichtiger seien als Vorteile der Differenzierung. Die verbesserten und immer enger verflochtenen Verkehrs- und Kommunikationstechnologien fördern eine Konvergenz auf den wichtigsten Märkten ebenso wie das Vorhandensein von Weltmarken, die zu einer entsprechenden Sozialisation der Abnehmer führen. Aus den genannten Gründen wird die Notwendigkeit einer globalen Unternehmensstrategie und einer daraus abgeleiteten weltweit standardisierten Kommunikationsstrategie gesehen.

Des Weiteren wird prognostiziert, dass Weltmarken in Zukunft immer bedeutender werden und sich damit die Globalisierungstendenzen verstärken. Dies wird dadurch unterstützt, dass insbesondere in den hoch entwickelten Ländern die Verbraucherstrukturen immer ähnlicher werden. Im Zentrum der standardisierten Kommunikationsstrategie stehen die beobachtbaren Ähnlichkeiten in den Ländern. Die Märkte in den verschiedenen Ländern werden als Gesamtmarkt gesehen. Sämtliche Kommunikationsaktivitäten werden durch die Unternehmens- bzw. Agenturzentrale gesteuert. Die

Tochtergesellschaften im Ausland bzw. die Agenturfilialen wickeln lediglich die laufenden Geschäfte ab. Als Beispiel ist hier die Kommunikationsstrategie von Coca-Cola zu nennen.

Die Möglichkeit des Einsatzes standardisierter kommunikationspolitischer Maßnahmen hängt von zahlreichen kulturellen, psychologischen und verbrauchsbedingten Faktoren ab, von denen im Folgenden einige erwähnt seien *(Jain, S.C., 2001; Cundiff, E.W./Hilger, M.T., 1988; Berekoven, L., 1985a)*:

- Es muss ein relativ einheitliches Verwendungs- und Verbrauchsverhalten in den unterschiedlichen Ländern gegeben sein. Die Nutzenerwartungen hinsichtlich des Produktes oder der Dienstleistung müssen somit weitgehend identisch sein. Es muss sich um culture-free-products handeln.
- Das Stadium des Produktlebenszyklus, in dem sich die abgesetzten Erzeugnisse befinden, muss gleich oder wenigstens ähnlich sein, da sonst die Erklärungsbedürftigkeit in den verschiedenen Ländern unterschiedlich ist, d.h., das Produkt oder die Dienstleistung muss in allen Märkten gleich neu oder gleich etabliert und damit gleich bekannt sein.
- Das Produkt nimmt in der ganzen Welt eine Sonderstellung ein. In den aktuellen bzw. potenziellen Absatzmärkten muss eine homogene Zielgruppe existieren. Das führt zur Suche nach sogenannten cross-cultural-target-groups, d.h. Zielgruppen, die nachfragerelevante Ähnlichkeiten auch in unterschiedlichen Ländern bzw. Kulturkreisen aufweisen.
- Die Kommunikationsinhalte sollen sich leicht in alle Sprachen übersetzen lassen. Schwierig ist das insbesondere dann, wenn die Kommunikation auf visuellen Aspekten aufbaut und eine nonverbale Kommunikation im Vordergrund steht.
- Rechtliche Bestimmungen führen zu einer Einschränkung kommunikationspolitischer Maßnahmen (z.B. Einschränkungen bzw. Verbote hinsichtlich der Alkohol- und Tabakwerbung in der EU).
- Verfügbarkeit, Reichweite und Nutzung von Medien.

Als Vorteile der Standardisierung der internationalen Kommunikationsstrategie werden genannt *(Berndt, R./Fantapié Altobelli, C./Sander, M., 2010; Cundiff, E.W./Hilger, M.T., 1988)*:

[1] Kostenersparnis durch geringere Konzeptions-, Gestaltungs-, Produktions- und Streukosten.

[2] Die Möglichkeit, die gewonnenen gemeinsamen Erfahrungen besser auszunutzen. Verbesserung der gesamten Leistungseffizienz durch einen Know-how-Transfer und die Ausschöpfung von Synergiepotenzialen. Eine weltweite Nutzung erfolgreicher Werbeideen.

[3] Effizientere Ausnutzung des gesamten Werbebudgets und eine bessere Allokation des Budgets in den verschiedenen Ländern.

[4] Die Entwicklung eines einheitlichen Produkt- und Unternehmensimages. Die zunehmende Internationalisierung der Medien (z.B. Satellitenfernsehen) führt zu einem Media-Overspill (beispielsweise wird die deutsche Werbung auch in anderen europäischen Ländern empfangen). Dieser Effekt kann für einen länderübergreifenden Image- und Goodwill-Transfer genutzt werden.

Die Standardisierung der internationalen Kommunikationsstrategie hat aber auch Nachteile *(Berndt, R./Fantapié Altobelli, C./Sander, M., 2010)*:

[1] Bei der Suche nach einer gemeinsamen Botschaft, die auf alle Angehörigen einer großen internationalen Zielgruppe in gleicher Stärke wirken soll, kann diese zu banal und oberflächlich ausfallen, so dass keine der Länderzielgruppen besonders angesprochen wird.

[2] Bei der Berücksichtigung von Ähnlichkeiten zwischen Märkten bzw. Zielgruppen werden relevante, tatsächlich existierende Unterschiede oft unterschlagen.

[3] Es kann aufgrund einer von der Zentrale fertig konzipierten Werbekampagne, die dem lokalen Management lediglich zur Durchführung überlassen wird, zu Kompetenzkonflikten und Akzeptanzproblemen kommen.

Nach Ansicht der Vertreter der Globalisierung besteht wegen der zunehmenden Schwierigkeit einer Produktdifferenzierung gegenüber dem Konkurrenten die Notwendigkeit, das eigentliche Produktleistungsversprechen durch Schaffung eines Preisvorteils zu kompensieren. Dies setzt niedrige Produktionskosten voraus *(Tost-*

mann, T., 1984). Deshalb kommt es zu einer wachsenden Anzahl kosteneffizienter Weltmarken. Die Kosteneffizienz soll dabei durch Erfahrungs- und Economies-of-Scale-Effekte erreicht werden. Die Existenz von Weltmarken ermöglicht bzw. erfordert wiederum eine globale Kommunikationsstrategie *(Meffert, H./Burmann, C./Becker, C., 2010).*

Voraussetzung für den Erfolg einer Weltmarke ist, dass das Produkt den Wünschen, Bedürfnissen und Qualitätsanforderungen der Konsumenten in allen bearbeiteten Märkten gerecht wird *(Pitcher, A.E., 1985).* Weltmarken im wahrsten Sinne des Wortes gibt es jedoch in der Realität nur wenige. Die meisten erfolgreichen Weltmarken, die heute existieren, sind nicht als Weltmarken konzipiert worden, sondern historisch gewachsene Marken, deren weltweite Ausnahmestellung z.T. aus der enormen Stärke der Produktinnovation resultiert, wie z.B. Apple oder Google. So stellt sich die Frage, ob es richtig ist, auf der Basis von 80 bis 100 Weltmarken die Notwendigkeit von Weltkampagnen für alle internationalen Unternehmen abzuleiten *(Tostmann, T., 1984).*

4.1.2 Differenzierung der internationalen Kommunikationsstrategie

Es gibt kaum einen Auslandsmarkt in irgendeiner Konsumgüterbranche oder Warengruppe, der eine annähernde Gleichheit bezüglich Preis-, Kaufkraft-, Bedarfs- und Geschmacksverhältnissen, Verwendungsumfeldern, gesetzlichen Vorschriften, Konkurrenz- und Distributionsverhältnissen sowie Marktvolumen aufweist *(Cavusgil, S.T./Knight, G./Riesenberger, J.R., 2014; Hoyer, W.D./MacInnes, D.J., 2001; Berekoven, L., 1985b).* Zusätzlich lässt sich weltweit bis auf wenige Ausnahmen eine zunehmende Differenzierung und Individualisierung aufgrund eines Wertewandels im Konsum beobachten, die *Naisbitt* mit einer „**Multiple Option Society**" beschreibt. Es vollzieht sich ein Trend zur Angebots- und Entscheidungsvielfalt *(Vossen, K./Reinhardt, F.A., 2003; Kotler, P./Armstrong, G./Saunders, J./Wong, V., 2010; Peter, J.P./Olson, J.C., 2004; Naisbitt, J., 1984).*

Um dieser Tendenz gerecht zu werden, erscheint eine Differenzierung der internationalen Kommunikationspolitik sinnvoll. Sie bietet die Möglichkeit, auf den Wettbewerb und die Kundenstrukturen weltweit flexibel und schnell zu reagieren. Darüber hinaus ermöglicht diese Strategie die Verfolgung unterschiedlicher Zielsetzungen, die Ansprache differenzierter Zielgruppen und die Berücksichtigung länder- bzw. segmentspezifischer Gegebenheiten.

Die internationale Kommunikationsstrategie kann länderspezifisch **unterschiedlichen Zielsetzungen** dienen. Hierbei ist die Stellung des Produktes im Produktlebenszyklus von Bedeutung. Die Kommunikationsstrategie hat in der Einführungsphase die Aufgabe, über das Produkt bzw. das Unternehmen zu informieren, um es beim Konsumenten bekannt zu machen, während ihr in der Wachstums- und Reifephase eine eher profilierende Funktion zukommt, die eine Stabilisierung von Bekanntheit und Markentreue gegenüber Konkurrenzprodukten zum Ziel hat *(Zentes, J./Swoboda, B./Schramm-Klein, H., 2013; Gilligan, C./Hird, M., 1986)*. Befindet sich das Produkt in verschiedenen Ländern in unterschiedlichen Phasen des Produktlebenszyklusses, ist eine Differenzierung der Kommunikationspolitik erforderlich.

Mit der Bestimmung der **anzusprechenden Zielgruppe** ist sowohl die Produktpositionierung als auch die Medienauswahl und -belegung verbunden. Die Möglichkeit, in mehreren Ländern – oder sogar weltweit – eine homogene Zielgruppe zu finden, ist nur für bestimmte Produkte – insbesondere für Investitionsgüter und Prestigeprodukte, in Ausnahmefällen auch für Konsumgüter (z.B. Coca-Cola) – gegeben. Für die Mehrzahl der Erzeugnisse müssen länderspezifische Zielgruppen bestimmt werden. So erfordern beispielsweise die länder- bzw. kulturkreisspezifischen Rollenverteilungen von Mann und Frau bei der Kaufentscheidung eine differenzierte Zielgruppenbestimmung.

Auch die unterschiedlichen soziodemografischen Strukturen bedingen oft eine länderspezifische Zielgruppenabgrenzung *(Perlitz, M., 1985a)*. Es ist zu erkennen, dass sich die Welt in einen Bereich teilt, der eine immer reichere, zahlenmäßig geringere und ältere Bevölkerung hat, sowie einen stark wachsenden anderen Teil, der immer ärmer und jünger wird. Die dadurch bedingten unterschiedlichen Kaufkraftverhältnisse bedürfen ebenfalls einer differenzierten Festlegung von Zielgruppen.

Unterschiedliche Konsumgewohnheiten erfordern eine länderspezifische Bestimmung der Zielgruppen. So unterscheidet man z.B. allein in Europa drei Konsumkulturen: die nordische, die kontinental-mitteleuropäische und die mediterran-südeuropäische Kultur.

Daneben können verschiedene Nutzenerwartungen differenzierte internationale Kommunikationsstrategien erforderlich machen. Während z.B. Fahrräder in westlichen Industrienationen weitgehend zu einem Freizeitartikel geworden sind, gelten diese in vielen Entwicklungs- und Schwellenländern oft noch als Basistransportmittel.

Eine differenzierte Kommunikationsstrategie ermöglicht es, **länder- bzw. segmentspezifische Gegebenheiten** zu berücksichtigen. Abgesehen von national unterschiedlichen Einstellungen zur Kommunikation als solcher sind z.B. folgende Faktoren bei der Formulierung der internationalen Kommunikationsstrategie zu berücksichtigen:

- nationale Traditionen, Sitten, Werte und Konventionen,
- unterschiedliche kulturelle, rechtliche und ökonomische Strukturen und Entwicklungsstände,
- etablierte Gewohnheiten und Geschmacksvorstellungen,
- Vorurteile, Einstellungen und Präferenzen gegenüber ausländischen Unternehmen und deren Leistungsangeboten,
- Sprache, Bilder, Symbole und Farben als Kulturfaktoren.

Ein Vorteil der länderspezifischen Kommunikationsstrategie ist in dem geringeren Risiko bei Fehlschlägen zu sehen. Versagt eine Kampagne in einem Land, weil bei deren Gestaltung oder bei deren Einsatz Fehler unterlaufen sind, so beschränken sich die daraus resultierenden Konsequenzen wie z.B. Umsatz-, Marktanteilsverluste oder Imageeinbußen lediglich auf diesen Markt. Demgegenüber muss bei einer weltweit standardisierten Kampagne ein „globaler Irrtum“ teuer bezahlt werden, da hiervon viele oder sogar alle Märkte betroffen sind.

4.1.3 Internationale Dachkampagnenstrategie

Eine Mischform zwischen einer standardisierten und einer differenzierten internationalen Kommunikationsstrategie ist eine Dachkampagnenstrategie. Dabei wird ein Zentralthema oder werden zentrale Kommunikationselemente festgelegt, die in den unterschiedlichen Ländern mit verschiedenen anderen Elementen kombiniert bzw. mit verschiedenen Werbemitteln eingesetzt werden. Die Kommunikationsstrategie erfolgt demzufolge nach einem zentralen Grundschema, das abhängig von den jeweiligen Länderspezifika weiter ausgestaltet wird. Dadurch lässt sich der lokale Widerstand gegen ein zentral vorgegebenes Standardisierungskonzept verringern, da lokale Anregungen seitens des Ländermanagements berücksichtigt werden können *(Czinkota, M.R./Ronkainen, I.A., 2013; Kotler, P./Armstrong, G./Saunders, J./Wong, V., 2010).*

Empirische Studien zeigen, dass die internationale Dachkampagnenstrategie immer stärker eingesetzt wird *(Berndt, R./Fantapié Altobelli, C./Sander, M., 2010; Backhaus, K./ Voeth, M., 2010; Steffens, S., 1982).* Die Formulierung der Werbebotschaft, die Bestimmung der Zielgruppe und die Werbebudgetierung werden weitgehend standardisiert, während die Mediaselektion aufgrund der heterogenen Struktur der Werbeträger länderspezifisch vorgenommen wird. Es besteht auch die Möglichkeit, dass die Werbung in inhaltlicher Hinsicht identisch bleibt, jedoch eine sprachliche Anpassung vorgenommen wird. Dieses Vorgehen bezeichnet man als „Prototype-Standardization" *(Peebles, D.M./Ryans, J.K./Vernon, I.R., 1977).* Die meisten der an die jeweilige Entscheidungssituation angepassten Kommunikationsstrategien enthalten sowohl länderspezifische als auch globale Elemente. Im Hinblick auf die im internationalen Rahmen bedeutsame Einheitlichkeit des Produkt- und Firmenbildes (Corporate Identity und Visibility) gilt dabei die Devise: so viel Standardisierung wie möglich, so viel Differenzierung wie nötig.

4.2 Instrumente der internationalen Kommunikationspolitik

4.2.1 Werbung

Werbung versucht, unter Verwendung von Kommunikationsmedien durch Übermittlung spezifischer Botschaften die Einstellung und das Verhalten der Adressaten im Sinne der Unternehmenszielsetzungen zu beeinflussen. Von hoher Relevanz für das internationale Marketing sind im Hinblick auf die Ausgestaltung der Werbung als Instrument der Kommunikationspolitik vor allem

- die Auswahl der Werbeagentur,
- die internationale Mediaselektionsplanung und
- die Auswahl der Werbemittel.

Ferner müssen bei der Gestaltung der Werbebotschaft und der Wahl der Werbemittel Besonderheiten des internationalen Umfeldes berücksichtigt werden. Aufgrund der zunehmend globaler werdenden Werbung werden zunehmend international bzw. global agierende Werbeagenturen eingeschaltet, die den globalen Rollout der Werbemaßnahmen für die Kundenunternehmen durchführen.

Eine Reihe von inhaltlichen und formalen Aspekten muss sowohl für standardisierte als auch für länderspezifisch differenzierte Werbebotschaften berücksichtigt werden. Oft versuchen Unternehmen, national erfolgreiche Werbethemen zu internationalisieren. Wenn Werbebotschaften auf Wortspielen beruhen, um die Aufmerksamkeit der aktuellen oder potenziellen Abnehmer zu erlangen, besteht die Gefahr, dass sie im Ausland nicht adäquat übersetzt werden können *(Berndt, R./Fantapié Altobelli, C./Sander, M., 2010; Keegan, W. J./Schlegelmilch, B.B./Stöttinger, B., 2002)*.

Die Endmark Claim Studie 2009 zeigt, dass Werbebotschaften in englischer Sprache häufig von deutschen Konsumenten nicht korrekt verstanden und falsch interpretiert werden. So wurde z.B. der Werbeslogan von NISSAN „Shift the way you move" u.a. übersetzt mit „Schiebe den Weg und du kommst voran" statt der beabsichtigten Botschaft „Ändere die Art dich fortzubewegen" *(Endmark Claim Studie, 2009, online)*.

Neben der sprachlichen Ausgestaltung der Werbebotschaft muss berücksichtigt werden, dass in den verschiedenen Ländern die Motivationsstruktur, ein bestimmtes Erzeugnis zu kaufen, völlig unterschiedlich sein kann. Mitunter muss die Werbebotschaft auch auf den unterschiedlichen Lebensstil Rücksicht nehmen. Als Coca-Cola in Indien in den 1950er Jahren eingeführt wurde, war es dort unüblich, aus Flaschen zu trinken. So musste die Werbebotschaft einerseits einen „erzieherischen" Aspekt und zum anderen eine Werbefunktion für die Marke Coca-Cola umfassen *(Cundiff, E.W./Hilger, M.T., 1988)*.

Die inhaltliche Gestaltung von Werbebotschaften wird im Wesentlichen von den Traditionen, Religionen, Einstellungen, Werten, Sitten und der Vorbildung in den Abnehmerländern beeinflusst. Auch psychologische Aspekte wie z.B. die „silent language" (nonverbale Kommunikationsbotschaften) sind in der Werbebotschaft zu berücksichtigen. Bei standardisierten Werbebotschaften muss eine für alle Abnehmerländer akzeptable „Tonality" (Tonfall in der Werbung) erreicht werden. Diese „Tonality" kann z.B. emotional, rational, ernst oder humorvoll sein *(Kreutzer, R., 1989b)*. Als Beispiel wäre hier die Bacardi-Werbung zu nennen, die mit einer emotionalen „Tonality", die „sun, sand and sea" symbolisiert, arbeitet. Ferner nehmen rechtliche Bestimmungen Einfluss auf die inhaltliche Gestaltung der Werbung. So muss z.B. in Frankreich fremdsprachige Werbung eine gleichzeitige Übersetzung beinhalten. Ebenso gibt es bei der vergleichenden Werbung weltweit unterschiedliche rechtliche Bestimmungen.

In formaler Hinsicht ist besonders auf die unterschiedliche Interpretation von Farben und Symbolen zu achten, um eine negative Assoziation mit der Werbebotschaft zu vermeiden. Des Weiteren ist bei der Übersetzung einer Werbebotschaft in Printmedien zu beachten, dass das Layout unter Umständen verändert werden muss, da die Übersetzung mehr oder weniger Raum einnimmt als das Original. Diesem Problem wird oft dadurch begegnet, dass unter Inkaufnahme einer möglichen Fehlinterpretation durch den Konsumenten international in Englisch geworben wird.

Darüber hinaus ist bei der Werbebotschaft Rücksicht auf den nationalen geschichtlichen Hintergrund und das historische Bewusstsein eines Landes zu nehmen. Dies gilt z.B. für viele Entwicklungsländer, die Kolonien waren.

Im internationalen Umfeld unterscheiden sich die Einstellungen zu wesentlichen Elementen der Marketingpolitik wie z.B. die Einstellung zu Preis und Qualität. Werbebotschaften, die auf das Preis- oder Qualitätsbewusstsein abstellen, müssen deshalb an das jeweilige Land adaptiert werden.

Schließlich ist die Werbung auf die Art des beworbenen Produktes abzustimmen. Generell kann davon ausgegangen werden, dass der Werbung im Rahmen der Investitionsgüterindustrie wesentlich engere Grenzen gesetzt sind als in der Konsumgüterindustrie, was seine Ursache primär in der Erklärungsbedürftigkeit der meisten Investitionsgüter hat. Dementsprechend liegt der Fokus der Marketingkommunikation in diesem Bereich weniger auf der Werbung als vielmehr auf dem persönlichen Verkauf *(Schnauffer, R., 1999)*.

Im Bereich der Werbung ist das „**Awareness Advertising**" im internationalen Umfeld bedeutsam. Die beworbenen Produkte sind meist in dem jeweiligen Auslandsmarkt noch nicht oder nur begrenzt verfügbar. Awareness Advertising ist insbesondere dann geeignet, wenn Produkte in einem Land einen hohen Innovationsgrad haben oder ein Markenartikel in einem Auslandsmarkt eingeführt werden soll. Durch eine frühzeitige Werbung kann das Image einer First-Position aufgebaut werden. Beispielsweise begannen viele japanische Unternehmen mit der Werbung für ihre Produkte in China zu einer Zeit, in der die Erzeugnisse dort noch nicht erhältlich waren. Die Bedeutung des Awareness Advertising als Element des Kommunikationsmix zeigt sich vor allem im Zuge der Erschließung neuer Märkte. Die Hauptprobleme des internationalen Awareness Advertising liegen in der gleichzeitigen Frühwarnung der Konkurrenten und der Legislative der Abnehmerländer. Durch Letztere kann eventuell ein Werbeverbot oder eine Importbeschränkung initiiert werden *(Thomas, B./Housden, M., 2002)*.

Auswahl der Werbeagentur

Die Auswahl der richtigen Werbeagentur für ausländische Aktivitäten ist ein wichtiger Bestandteil der internationalen Kommunikationspolitik. Sie hängt von den Kommunikationszielen des Unternehmens, dem zur Verfügung stehenden Etat sowie den benötigten und am Markt angebotenen Agenturleistungen ab. Diese können von Teilleistungen (z.B. Marktforschung) bis zu einem allumfassenden Service reichen.

Eine Werbeagentur sollte Erfahrung mit staatlichen Regulierungen im Ausland haben. Außerdem sollte sie fähig sein, im Ausland auftretende Probleme zu lösen. Solche sind u.a. technischer Art wie z.B. schlechte Papier-, Druck- und Bildqualitäten, mangelhafte elektronische Übertragungsqualität oder personalpolitischer Art wie z.B. Probleme der Knappheit von kreativen Mitarbeitern in einem Land. Zu den zentralen Aufgaben einer Werbeagentur gehören der Entwurf und die Produktion von Werbemitteln, die Medienauswahl und die Einhaltung der jeweiligen landesspezifischen gesetzlichen Bestimmungen. Ein Unternehmen kann bei der Auswahl einer Werbeagentur drei unterschiedliche Strategien verfolgen *(Terpstra, V./Sarathy, R., 2006)*:

[1] Einschaltung einer inländischen Agentur,

[2] Einschaltung einer großen internationalen Agentur und

[3] Einschaltung von unterschiedlichen ausländischen Agenturen.

Die bequemste Alternative für ein international tätiges Unternehmen ist die Einschaltung einer **inländischen Agentur**, um die Werbebotschaft zu formulieren und den Kontakt zu den Medien in den neuen Märkten herzustellen. Im Allgemeinen kennt eine inländische Agentur bereits das Produkt, das Image und die Vorzüge des Unternehmens und kann darauf eine Kommunikationsstrategie in den neuen Märkten aufbauen. Der Nachteil dieser Alternative ist, dass eine inländische Agentur oft über wenig Erfahrung mit dem Auslandsmarkt sowie mit der dortigen Kultur verfügt und somit der Erfolg im Ausland gefährdet wird.

Als zweite Alternative bietet sich an, eine **große internationale Agentur** bzw. ein Agenturnetzwerk mit Niederlassungen in vielen Ländern einzusetzen. Im Zusammenhang mit der Diskussion über eine Globalisierung der Märkte entstand in den 1970er Jahren eine Vielzahl international tätiger Agenturen. Abbildung 6 gibt einen Überblick über die größten Werbeagenturen der Welt.

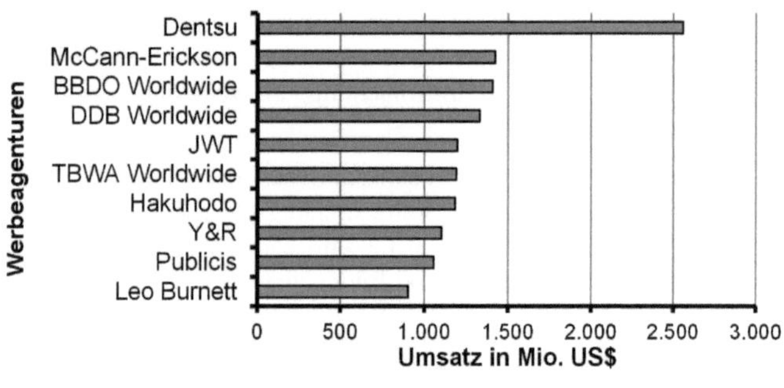

Abbildung 6: Die zehn größten Werbeagenturen der Welt 2011
Quelle: EconomyDesk.com, 2011, online

Der Vorteil der Zusammenarbeit mit einer internationalen Agentur bzw. Agenturgruppe liegt in der Kontinuität und Konsistenz von Werbestrategien für viele Märkte. Darüber hinaus ermöglicht es dem international tätigen Unternehmen, ein einheitliches Image in allen Märkten zu erreichen. Auch werden die Koordinationskosten internationaler Werbekampagnen reduziert. Diese Agenturen verfügen meist über Experten in den verschiedenen Ländern und haben lokale Partner, die vor Ort ihre Expertise im Hinblick auf die ausländische Medienlandschaft einbringen. Kritiker großer internationaler Agenturen wenden ein, dass sie trotz allem die Mentalität und die Werbephilosophie ihres Stammhauses nicht verleugnen können und damit die Adaption an die lokalen Verhältnisse nicht optimal sei. Dem versuchen große Agenturen zu begegnen, indem sie ausländische Agenturen aufkaufen, um sich damit mehr lokales Know-how zu erschließen.

Bei der dritten Alternative arbeiten die Unternehmen in den verschiedenen Ländern jeweils mit **lokalen Agenturen** zusammen. Insbesondere bei einer länderspezifisch differenzierten Kommunikationsstrategie bietet sich die Einschaltung lokaler Agenturen an. Eine inländische Agentur wird dabei als Koordinator für die unterschiedlichen Aktivitäten tätig. Der Vorteil ist dabei, dass eine ausländische Agentur den Auslandsmarkt in seiner Mentalität und mit seinen Gepflogenheiten sehr gut kennt und die Medienpolitik auf die lokalen Bedürfnisse abstellen kann. Der Nachteil besteht in den höheren Koordinationskosten, die bei der Abstimmung der Kommunikationskonzepte in den verschiedenen Ländern anfallen.

Welche Alternative ein Unternehmen auch wählt, die letzte Verantwortung liegt beim inländischen Management. Nur dort kann eine Abschätzung erfolgen, wie unterschiedliche Kommunikationskonzepte in die allgemeine Marketingpolitik des Unternehmens integriert werden können. Deshalb ist es eine Aufgabe der Marketingverantwortlichen im Inland, genügend Kenntnisse über jeden Auslandsmarkt zu gewinnen, um eine völlige Fehleinschätzung eines Marktes im Ausland zu vermeiden.

(1) Internationale Mediaselektionsplanung

Als Werbeträger im Rahmen der internationalen Mediaselektionsplanung kommen u.a. Zeitungen, Fach- und Publikumszeitschriften, Fernsehen, Kino, Radio, Direktwerbeunternehmen, Außenwerbung, Postsendungen und Adressbücher in Frage. Insbesondere vor dem Hintergrund einer internationalen Ausrichtung der Mediaselektionsplanung kommt in der heutigen Zeit dem Internet als Werbeträger eine zunehmende Bedeutung zu *(Berndt, R./Fantapié Altobelli, C./Sander, M., 2010;* In Zeiten von Facebook, Twitter und weiteren Elementen der „Social Media" ist die federführende Präsenz von Unternehmen in diesen Medien absolut zwingend.

Die internationale Medienlandschaft ist außerordentlich heterogen. Da die Zielgruppen möglichst kostengünstig und ohne Streuverluste erreicht werden sollen, müssen geeignete Werbeträger gesucht werden. Dabei müssen eine Intermediaselektion (Wahl zwischen Werbeträgergruppen), eine Intramediaselektion (Auswahl eines bestimmten Werbeträgers), eine Gewichtung der Medien im Mediamix und eine zeitliche Verteilungskonzeption vorgenommen werden. Die folgenden Fragen sind dabei zu beantworten:

(a) Welche Medien sind in einem Land verfügbar? Beispielsweise sind in einigen Entwicklungsländern moderne Medien nicht vorhanden. In Europa haben im Jahr 2010 83% der Haushalte in Schweden einen Internetzugang über Breitband, in Rumänien jedoch nur 23%.

(b) Wie sind die Nutzungsgewohnheiten der Abnehmer? So nutzen z.B. Briten das Internet durchschnittlich ca. 30 Stunden pro Monat, Österreicher hingegen verbringen monatlich nur ca. 13 Stunden im Internet. Auch die Analphabetenquote eines Landes ist bei der Medienplanung zu berücksichtigen.

(c) Wie hoch sind die Kosten der Nutzung unterschiedlicher Medien? Die Medienkosten einschließlich möglicher Steuerbelastungen können sich von Land zu Land beträchtlich unterscheiden.

(d) Gibt es rechtliche Beschränkungen der Nutzung einzelner Medien für das beworbene Produkt? So bestand z.B. in Schweden ein Verbot kommerzieller Werbung in Rundfunk und Fernsehen. In anderen Ländern kann die Werbung für Produkte in bestimmten Medien untersagt sein, wie z.B. die Fernsehwerbung für Zigaretten in Deutschland und in Frankreich.

(e) Wie gut ist die Qualität einzelner Medien? Hier ist die Qualität des Zeitungspapiers genauso zu berücksichtigen wie die des Rundfunk- oder Fernsehempfangs. Ferner ist die Reichweite und die Kontaktqualität eines Mediums zu beachten.

Bei der Auswahl nationaler Medien in den einzelnen Ländern ist es zweckmäßig, **Media-Overspill-Effekte** zu nutzen. Man versteht darunter die Möglichkeit der länderübergreifenden Erreichung von Abnehmern mittels nationaler Medien. Als Beispiel für Medien mit Overspill-Effekten wären im Printsektor die Frankfurter Allgemeine Zeitung, die Financial Times, Le Monde oder das Wall Street Journal zu nennen. International ausstrahlende Medien wie die Zeitschrift „DER SPIEGEL" bieten schon seit Längerem internationale Ausgaben auf Englisch an. Neben diesen Tageszeitungen haben vor allem wissenschaftliche, managementorientierte und wirtschaftspolitische Zeitschriften und Zeitungen (Time-Magazine, Fortune, Business Week, The Economist usw.) den Charakter globaler Werbeträger. Dabei ist jedoch zu beachten, dass diese Zeitschriften und Zeitungen meist nur von einer bestimmten Zielgruppe, die meist der Mittel- und Oberschicht angehört, gelesen wird. Im Bereich elektronischer Medien weist vor allem das Satellitenfernsehen und das Internet diesen länderübergreifenden Effekt auf.

(2) Auswahl der Werbemittel

Werbemittel umschreiben die „Ausgestaltung bzw. Kombination von Kommunikationsmitteln (z.B. Wort, Bild, Ton, Symbol), mit denen eine Werbebotschaft dargestellt wird". Die Auswahl der Werbemittel hängt eng mit den eingesetzten Werbeträgern zusammen. Werbemittel sind z.B. Anzeigen (Inserate), Fernseh- oder Rundfunkspots, Prospekte, Kataloge, Plakate, Leuchtanzeigen, Werbebriefe, Werbefilme, Werbegeschenke, Referenzlisten, Kundenzeitschriften oder Werbegespräche. Die Bedeutung der einzelnen Werbemittel unterscheidet sich international. Abbildung 7 zeigt die wöchentliche Mediennutzung europäischer Konsumenten.

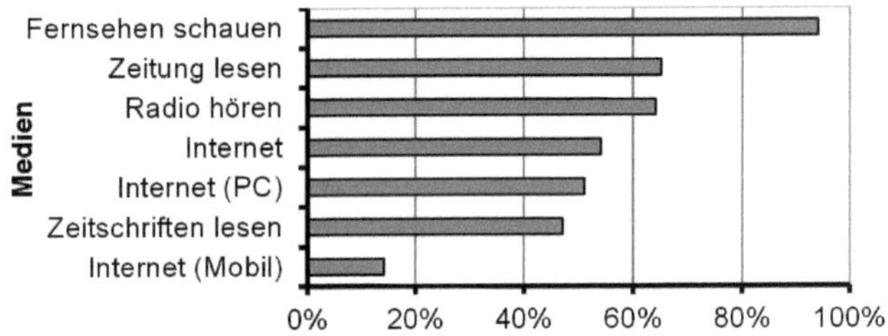

Abbildung 7: Wöchentliche Mediennutzung durch Konsumenten in Europa. Quelle: EIAA, European Media Landscape Report, 2010, online

4.2.2 Personal Selling

Personal Selling ist dadurch gekennzeichnet, dass Käufer und Verkäufer im Verkaufsprozess unmittelbar kommunizieren. In vielen Bereichen unterscheiden sich die Probleme des Personal Selling im Inland nicht von denen im Ausland *(Backhaus, K./Voeth, M., 2010)*. Jedoch sind im internationalen Marketing einige Besonderheiten zu berücksichtigen.

Die Bedeutung des Personal Selling ist im internationalen Marketing besonders hoch, wenn damit Werberestriktionen umgangen werden können und die Nichtverfügbarkeit einzelner Medien einen Zwang zu einem Ausweichen auf andere Instrumente der Kommunikationspolitik ausübt. Auch erklärungsbedürftige Produkte im Ausland sind besser durch ein Personal Selling zu verkaufen. Das im Ausland eingesetzte lokale Verkaufspersonal kennt die kulturellen Normen, die Wertsysteme sowie die Sitten und Gebräuche des jeweiligen Landes besser. Während in den USA ein gewisses Maß an Beharrlichkeit bzw. Nachdrücklichkeit im Verkaufsgespräch Erfolg versprechend ist, sollten diese in Dänemark nur mit Bedacht eingesetzt werden *(Albaum, G./ Duerr, E., 201)*.

Da Personal Selling gemessen an den Kontaktkosten eine relativ kostspielige Form der Kommunikation ist, lohnt sich der Einsatz fast nur bei teuren Produkten (z.B. Anlagen) oder großen Kunden (Key-Accounts). So wird beispielsweise in der Automobilindustrie häufig mit Key-Account-Managern im Großkundenvertrieb gearbeitet *(Pietsch, D./ Strunkmann-Meister, P., 2005)*. Ein Hauptproblem des Personal Selling im Rahmen der internationalen Kommunikationspolitik besteht darin, das entsprechende Verkaufspersonal im Ausland zu rekrutieren.

Auch eventuell notwendige Verkaufsschulungen und Weiterbildungsmaßnahmen müssen von der inländischen Muttergesellschaft organisiert werden.

Insbesondere die folgenden Kriterien sind für die Auswahl des passenden Verkaufspersonals im Ausland relevant *(Cundiff, E.W./Hilger, M.T., 1988)*:

[1] Motivation,

[2] Gesundheit,

[3] Sprachfähigkeiten,

[4] Familienhintergrund,

[5] Bildung und Initiativkraft,

[6] Anpassungsfähigkeit,

[7] Karriereplanung und

[8] finanzielle Gesichtspunkte.

4.2.3 Messen

Messen sind zeitlich genau bestimmte, meist in regelmäßigen Abständen wiederkehrende Veranstaltungen, auf denen Anbieter ihre Produkte und Dienstleistungen spezifischen Zielgruppen vorstellen *(Homburg, C., 2014)*. Messen unterscheiden sich in Anlehnung an *Homburg* nach der Angebotsbreite und -tiefe (Universal-, Spezial-, Fachmesse), dem Angebotsschwerpunkt (Konsumgüter-, Industriegütermesse), der Reichweite (regionale, nationale, internationale Messe), der Zielgruppe (Konsumenten, Fachpublikum) und der Absatzrichtung (Export, Import). Aufgrund der zunehmenden Angebotsvielfalt haben Messen im Ausland sowohl für multinationale, aber auch zunehmend für kleinere und mittlere Unternehmen eine wachsende Bedeutung. Ihre zentralen Funktionen sind *(Berndt, R./Fantapié Altobelli, C./Sander, M., 2010; Meffert, H./Burmann, C./ Becker, C., 2010; Meffert, H./ Althans, J., 1982)*:

- Anbahnung, Pflege und Ausbau von Firmen- bzw. Kundenkontakten im Ausland inklusive Verkauf und Bestellung,
- Präsentation neuer Produkte und Problemlösungen im Ausland,

- Gewinnung von Erkenntnissen über die lokalen Produkt- und Problemlösungsbedürfnisse,
- Informationen über Trends auf Auslandsmärkten und
- Ort des Austauschs von Politikern und Lobbyisten.

Im Rahmen der Planung der internationalen Messeplatzauswahl sind folgende Bewertungskriterien zu beachten *(Backhaus, K./Voeth, M., 2014)*:

[1] aktuelle wirtschaftliche Situation des Ausrichtungslandes,

[2] aktuelle politische Situation des Ausrichtungslandes,

[3] Infrastruktur des Messegeländes,

[4] Kosten der Messeplatzbeschickung,

[5] Qualität und Quantität des Besucherkreises,

[6] Qualität und Quantität des Ausstellerkreises und

[7] Messetyp.

4.2.4 Öffentlichkeitsarbeit im internationalen Unternehmen

In Ergänzung zu den anderen Elementen der Kommunikationspolitik, die in erster Linie der Absatzförderung dienen, ist es das Ziel der Öffentlichkeitsarbeit von Unternehmen, durch Gestaltung der Beziehungen zwischen dem Unternehmen und seinen relevanten Interessengruppen, den sogenannten Stakeholdern (Lieferanten, Mitarbeiter, Kirchen, Verbände, Gewerkschaften, Staat, Gesellschaft, Aktionäre, Medien usw.), Interesse, Sympathie und Vertrauen für das Unternehmen und seine Produkte herzustellen und zu sichern *(Homburg, C./Kuester, S./Krohmer, H., 2013; Meffert, H.,/Burmann, C./Kirchgeorg, M., 2015)*. Public Relations (kurz PR) als Funktion der Marketingkommunikation setzt diese Zielsetzung systematisch, d.h. geplant und organisiert, um. Die wesentlichen vier Instrumente sind das Medien-, Event-, Beziehungs- und Krisenmanagement *(Homburg, C., 2014)*. Unternehmen bedienen sich häufig professioneller PR-Agenturen zur operativen Umsetzung der PR-Inhalte..

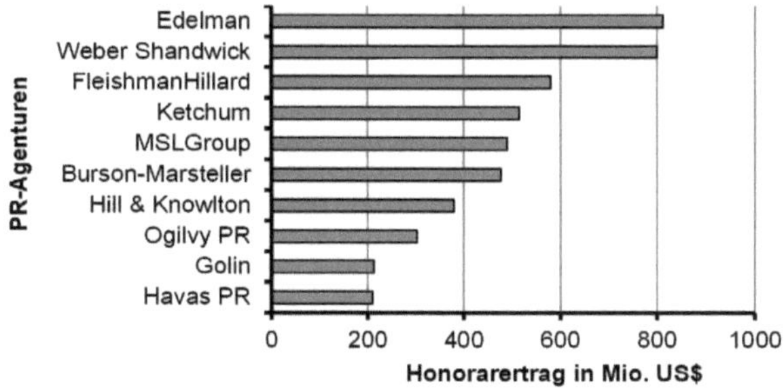

Abbildung 8: Die gemessen an ihrem Honorarertrag weltweit größten PR-Agenturen. Quelle: Holmes Report, 2014, online

Die internationale Unternehmung muss ihre Legitimität jeweils auf der Basis der Legalität im Gastland beweisen. Die Legitimität wird dabei nicht nur durch die Einhaltung der Gesetze im Gastland bestimmt, sondern auch durch die Befolgung von Verhaltenskodizes wie z.B. die der OECD und die der ILO (International Labour Organization). Probleme zwischen dem internationalen Unternehmen und einem Gastland treten insbesondere bei folgenden Situationen auf *((Steger, U./Riedl, C., 2002; Wallace, C.D., 1990)*:

[1] bei der Präferenz des Gastlandes für eine bestimmte Form der Internationalisierungsstrategie, z.B. Export, Lizenzvergabe oder Direktinvestition im Ausland,

[2] bei der Gewinnverwendung, z.B. Kapitalrückfluss oder Gewinnthesaurierung im Ausland,

[3] bei der Eigentumsverteilung, z.B. nationale oder lokale Eigentumsstruktur,

[4] bei der Managementstruktur, z.B. Expatriates (vom Stammhaus ins Ausland entsandte Mitarbeiter) oder lokales Management,

[5] bei dem Leistungsprogramm, z.B. Export von Überproduktionen oder Entwicklung einer lokalen Produktpolitik und

[6] bei der Corporate Identity, z.B. Repräsentant des Heimatlandes oder Go-Native-Konzept (Bestreben des Unternehmens, sich wie ein lokales Unternehmen zu verhalten).

Ein wichtiges Ziel der internationalen Öffentlichkeitsarbeit besteht darin, Konfliktpotenziale zwischen der inländischen Unternehmung und einem Gastland zu minimieren. Die Problemfelder der Öffentlichkeitsarbeit im internationalen Unternehmen lassen sich dementsprechend wie folgt konkretisieren *(Meffert, H./Burmann, C./ Becker, C., 2010; Dornis, P., 1971)*:

[1] Identifikation mit den Interessen des Gastlandes,

[2] Herstellung guter Kontakte zu den Regierungsstellen,

[3] Identifikation und Respektierung kultureller, sozialer, politischer und wirtschaftlicher Gepflogenheiten,

[4] Beitrag zur Entwicklung des Gastlandes,

[5] Selbstdarstellung der Unternehmung und

[6] Unterstreichen der Unabhängigkeit von der Zentrale.

	Ökonomisch					Sozial				Andere		
	Steuer-aufkommen	Energie-sicherheit	Beschäftigung	Regionale Entwicklung	etc.	Sicherheit	Regio-nalisierung	Umweltschutz	etc.	Informations-politik	Kunden-beziehung	etc.
Interessengruppe												
Wirtschaftspolitiker												
Anteilseigner												
Angestellte												
etc.												
Direkt verbundene Gruppen												
Banken												
Gewerkschaften												
Kunden												
etc.												
Indirekt verbundene Gruppen												
Umweltgruppen												
Verbraucherverbände												
etc.												

Abbildung 9: Societal Response Assessment Matrix von Shell
Quelle: Wack, P., 1983

Zur Überprüfung des Konfliktpotenzials, das sich zwischen einem Unternehmen und seinem Umfeld ergeben kann, dient z.B. die Societal Response Assessment Matrix, wie sie von Shell verwendet wird *(Wack, P., 1983)*. Abbildung 9 gibt diese Matrix wieder. Ziel ist es, diejenigen Interessengruppen, die in Konflikt mit dem Unternehmen stehen können, und deren Interessen zu identifizieren. Im Anschluss daran sollte das Management Maßnahmen definieren und umsetzen, um das Konfliktpotenzial abzubauen.

4.2.5 Sponsoring und Product-Placement im internationalen Unternehmen

Unter Sponsoring versteht man die systematische und zielgerichtete Förderung von Personen oder Organisationen mittels Geld-, Sachmitteln oder Dienstleistungen zur Erreichung bestimmter Kommunikations- bzw. Marketingziele. Das Sponsoring erstreckt sich zumeist auf den sportlichen, kulturellen, sozio-politischen oder wissenschaftlichen Bereich. Im internationalen Kontext wird die Ausgestaltung des Sponsorings vor allem durch die geografische Verbreitung der Zielgruppe und das konkrete Produkt beeinflusst *(Zentes, J./Swoboda, B./Schramm-Klein, H., 2013)*. So können durch die Förderung internationaler Veranstaltungen, wie sie z.B. die Olympiade oder die Welttournee eines bekannten Musikers darstellen, weltweit bestimmte Zielgruppen angesprochen und Aufmerksamkeit auf das Unternehmen bzw. das Produkt gelenkt werden. Entscheidend für die operative Ausgestaltung des Sponsorings ist, dass der Sponsor und das Sponsoring-Objekt im öffentlichen Erscheinungsbild glaubwürdig zusammenpassen. Des Weiteren sind Unterschiede in den gesetzlichen Regelungen und der Wahrnehmung des Sponsorings zwischen den jeweiligen Ländermärkten zu beachten.

Werden Produkte eines Unternehmens gezielt in bestimmten Medien wie z.B. Fernsehserien oder Kinofilmen platziert, spricht man von Product-Placement. Die Produkte erscheinen zufällig, aber deutlich sicht- bzw. hörbar und sind meist aktiv in die Handlung bzw. die Szenerie integriert. Als Beispiel lassen sich die Integration von Auto- und Alkoholmarken in den James Bond-Filmen anführen. Mittels Product-Placement lassen sich hohe Reichweiten erzielen *(Zentes, J./Swoboda, B./Schramm-Klein, H., 2013)*. Hinsichtlich des Einsatzes von Product-Placement sind insbesondere die international unterschiedlichen rechtlichen Rahmenbedingungen zu berücksichtigen. Die Übergänge zwischen legalem Product-Placement und verbotener Schleichwerbung sind fließend.

4.2.6 Direkt-Marketing im internationalen Unternehmen

Unter Direkt-Marketing werden alle Maßnahmen subsumiert, die sich durch eine unmittelbare Kommunikation zwischen Unternehmen und Adressaten auszeichnen. Diesbezüglich lassen sich passive (z.B. Werbepostkarten), reaktive (z.B. Werbebriefe mit Antwortmöglichkeit) und interaktive Formen (z.B. Social Media) des Kundenkontakts unterscheiden *(Zentes, J./Swoboda, B./Schramm-Klein, H., 2013)*. Zentrale Zielsetzungen sind neben der Übermittlung von Informationen und der Generierung von Aufmerksamkeit insbesondere die Gewinnung von Neukunden sowie die Bindung von Bestandskunden *(Meffert, H./Burmann, C./Kirchgeorg, M., 2015)*. Als Medien werden z.B. Werbebriefe, Werbepostkarten, Postwurfsendungen, Geschenkmailings und E-Mails eingesetzt. International unterscheiden sich die Voraussetzungen für ein erfolgreiches Direkt-Marketing z.T. erheblich. Dies betrifft nicht nur die technische Seite wie z.B. Adressdaten, Medienverfügbarkeit und -nutzung, sondern auch kulturelle Aspekte der Akzeptanz und Wahrnehmung von Direkt-Marketingaktionen *(Zentes, J./Swoboda, B./Schramm-Klein, H., 2013)*.

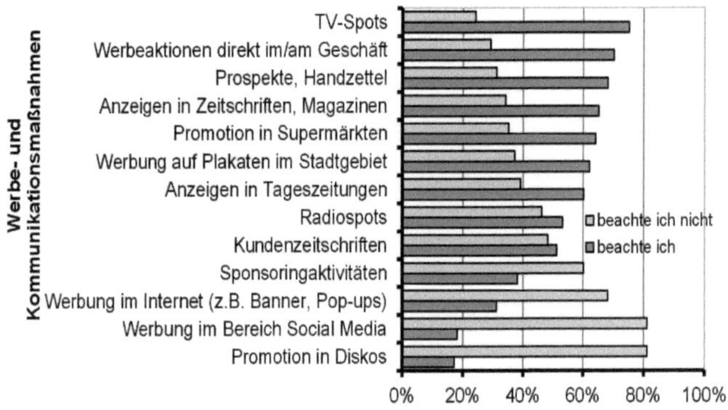

Abbildung 10: Beachtung von Kommunikationsmitteln durch deutsche Konsumenten.
Quelle: Innofact AG, 2011, online

4.2.7 Die unterschiedliche Bedeutung der einzelnen Instrumente

Die Bedeutung, die einzelnen Kommunikationsinstrumenten zukommt, kann erheblich variieren. Determinanten der Bedeutung sind dabei unter anderem der bearbeitete Markt verbunden mit der jeweiligen Landeskultur, die Branche, die Art des beworbenen Produkts sowie die Unternehmensgröße. Abbildung 10 verdeutlicht, welche Kommunikationsmittel deutsche Konsumenten besonders beachten.

5 Internationale Vertriebspolitik

Die Vertriebspolitik eines Unternehmens beinhaltet *„zum einen marktgerichtete akquisitorische Aktivitäten und zum anderen vertriebslogistische Aktivitäten“ (Homburg, C./Krohmer, H., 2009)*. Dies umfasst somit alle Entscheidungen und Maßnahmen im Hinblick auf das Erzielen von Kaufabschlüssen und die physische Bereitstellung der Unternehmensleistung bei den Abnehmern. In diesem Kontext müssen die einzuschlagenden Vertriebswege und -organe, die Vertriebslogistik, das Beziehungsmanagement zu den Vertriebspartnern und die operative Ausgestaltung des Verkaufs vor Ort thematisiert werden *(Homburg, C./Kuester, S./Krohmer, H., 2013; Czinkota, M.R./Ronkainen, I.A., 2013)*. Zentrale vertriebspolitische Entscheidungen im Rahmen des internationalen Marketings sind vor allem die Wahl der Vertriebswege in den Abnehmerländern. Diese Auswahl wird von Entscheidungen über die Art des Markteintritts und der Vertriebslogistik beeinflusst.

Die Markteintrittsstrategie kann, wie an anderer Stelle bereits dargestellt, folgende Formen annehmen:

- direkte oder indirekte Exporte,
- Direktinvestitionen im Ausland, die in Form einer 100%igen Tochtergesellschaft, einer Mehrheits- bzw. Minderheitsbeteiligung oder einer Gemeinschaftsgesellschaft (Joint Venture) durchgeführt werden können,
- Kombinationen (z.B. Franchising).

Während das Franchising, wie es beispielsweise von McDonald's, Vapiano, Backwerk, Reno oder Tchibo betrieben wird, i.d.R. eine standardisierte Vertriebsform darstellt, ist grundsätzlich eine Standardisierung der internationalen Vertriebspolitik nur schwer möglich, da sich die Vertriebsstrukturen weltweit sehr stark unterscheiden.

5.1 Wahl der Vertriebswege im Ausland

Das Unternehmen kann sich an die in dem Auslandsmarkt vorgefundenen Vertriebswege anpassen **(Adaption)**, vorhandene Vertriebswege umformen **(Modifikation)** oder eigene Vertriebswege schaffen **(Innovation)** *(Meffert, H./Bolz, J., 1998; Meffert, H./Althans, J., 1982)*. Im Falle der Bearbeitung mehrerer Ländermärkte nimmt die Vielfalt sowohl an Vertriebsorganen als auch im Hinblick auf die Breite und Tiefe der Vertriebswege zu. Dieser Tatsache steht eine Standardisierung der Vertriebspolitik über die Ländermärkte hinweg entgegen. Welcher Vertriebsweg in einem bestimmten Land zu wählen ist, hängt von einer Reihe von Faktoren ab, die im Folgenden dargestellt werden. Wichtig ist häufig auch, auf welche Weise das Produkt am schnellsten zum Kunden zu bringen ist *(Pietsch, D., 2003/2002)*.

Die unterschiedlichen Vertriebswege lassen sich durch die Art der Direktheit der Beziehungen zwischen dem inländischen Unternehmen und dem ausländischen Endabnehmer charakterisieren. **Direkte Vertriebswege** sind z.B. eigene Tochtergesellschaften im Ausland, eigene lokale Filialen und das Franchising. **Indirekte Vertriebswege** umfassen beispielsweise die Lieferung an selbstständige Handelsunternehmen oder an Importeure. Die Art der Direktheit der Beziehungen wird aber auch durch die Form des Markteintritts bestimmt. Dabei kann man zwischen einer regionalen Aufteilung der Unternehmensprozesse (Export oder Leistungserstellung im Ausland), Beteiligungsverhältnissen (ausländische Niederlassungen, Joint Ventures), vertraglich gebundenen Distributionsorganen (Vertretungen, Kommissionäre, Makler, Vertragshandelssysteme und Franchising) und anderen Kooperationsformen (mit in- und/oder ausländischen Partnern) unterscheiden *(Backhaus, K./Voeth, M., 2010; Schneider, D.J.G., 1992; Scheuch, F., 1989)*.

Grundsätzlich ist zwischen direktem und indirektem Export und direktem und indirektem Vertrieb zu differenzieren. Steht beim Export die Frage nach den Eigentumsverhältnissen bei der Grenzüberschreitung im Vordergrund, so ist aus Sicht des Vertriebs die Frage nach Eigen- bzw. Fremdvertrieb zu klären *(Berndt, R./Fantapié Altobelli, C./Sander, M., 2010)*. Abbildung 11 veranschaulicht diese Unterscheidung..

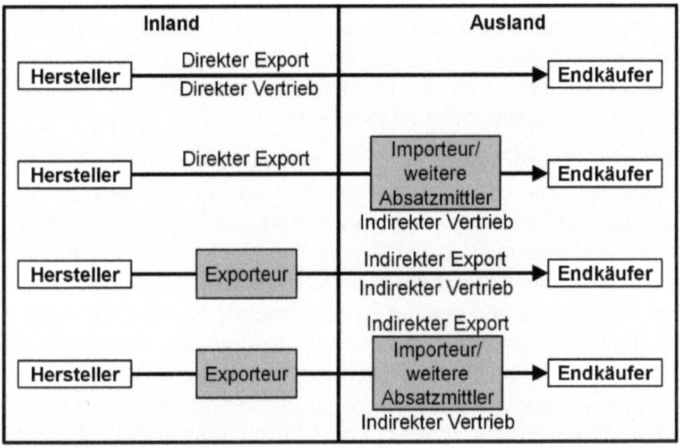

Abbildung 11: Direkter und indirekter Export bzw. Vertrieb
Quelle: Berndt, R./Fantapié Altobelli, C./Sander, M., 2010

Die Absatzwegeentscheidung erfolgt zweistufig und besteht aus einer Inter-Channel- und einer Intra-Channel-Entscheidung. Bei der **Inter-Channel-Entscheidung** wird eine Entscheidung über die grundsätzliche Vertriebsform vorgenommen, während die **Intra-Channel-Entscheidung** eine Auswahl zwischen den verbleibenden Alternativen umfasst *(Hörschgen, H., 1989)*. Im Rahmen der Ausgestaltung des internationalen Vertriebssystems wird häufig ein Multi-Channel-Vertrieb aufgebaut, um den unterschiedlichen landesspezifischen Gegebenheiten Rechnung zu tragen *(Zentes, J./Swoboda, B./Schramm-Klein, H., 2013)*.

Die Vertriebswegeentscheidung hängt von der Zielsetzung der internationalen Marketingpolitik des Unternehmens ab, wobei neben monetären Zielen in der internationalen Vertriebspolitik vor allem auch nicht-monetäre Zielsetzungen eine Rolle spielen. Nichtmonetäre Zielsetzungen sind u.a. die mögliche Einflussnahme auf das Marktgeschehen, auf die Kundenkontakte, auf das Unternehmensimage, auf die Informationsgewinnung, auf die Integrationsfähigkeit in das allgemeine Marketingkonzept und auf die Unabhängigkeit in dem betreffenden Land.

Die konkrete Wahlentscheidung über die Vertriebswege hängt u.a. von den betreffenden Erzeugnissen oder Dienstleistungen ab. So ist z.B. zu überprüfen, wie hoch der Service- und Wartungsaufwand für das betreffende Erzeugnis im Ausland ist. Auch die Erklärungsbedürftigkeit und die Transportfähigkeit spielen im Rahmen der Absatzwegeentscheidung eine Rolle.

Daneben ist bedeutsam, ob das Unternehmen bereits in dem betreffenden Land engagiert ist oder ob es sich um einen erstmaligen Markteintritt handelt. Kundenspezifika wie z.B. das Bildungsniveau oder die Zusammensetzung des Buying Center im Ausland sind ebenfalls zu berücksichtigen. Die Vertriebswege im Ausland werden außerdem durch deren Verfügbarkeit, die Kooperationsbereitschaft der Absatzmittler, die Kosten des Vertriebsweges und die allgemeinen Rahmenbedingungen im Ausland beeinflusst. So sind u.a. die klimatischen Verhältnisse, die Transportmedien, die rechtlichen Besonderheiten (z.B. Local-Content-Vorschriften, Export- oder Reexportbestimmungen), die Infrastruktur und das Kostenniveau im Ausland für die Vertriebswegeentscheidung relevant. In der Automobilindustrie wird beispielsweise mit einer Kombination der Absatzwege gearbeitet. So existieren im Ausland häufig Vertriebstochtergesellschaften (Wholesale) mit angeschlossenen Händlern oder eigenen Niederlassungen bzw. Importeuren als Wholesaler. Teilweise wird aufgrund rechtlicher Gegebenheiten auch auf Joint-Venture-Strukturen zurückgegriffen (z.B. China).

5.2 Auswahl der Vertriebsorgane im Ausland

Vertriebsorgane können sowohl betriebsgebunden als auch betriebsungebunden sein. Unter betriebsgebundenen Vertriebsorganen subsumiert man Reisende, inländische Vertriebs- und Exportabteilungen sowie ausländische Verkaufsniederlassungen und Logistikzentren. Hinsichtlich der betriebsungebundenen Vertriebsorgane unterscheidet man zwischen Absatzhelfern und Absatzmittlern. Beide sind rechtlich selbstständig. Absatzmittler erwerben anders als der Absatzhelfer Eigentum an der Ware. Zu den Absatzhelfern werden Handelsvertreter, Makler, Kommissionäre und Vertriebsagenturen gezählt. Als Absatzmittler können Export- oder Importgroßhändler, Zwischenhändler und Einzelhändler eingesetzt werden.

Die Entscheidung über die zu wählenden Vertriebsorgane hängt von der Art des Produktes ab. Für leicht verderbliche Erzeugnisse ist die Anzahl der Vertriebsorgane gering zu halten. Für erklärungsbedürftige Produkte ist eine große direkte Kundennähe notwendig, so dass viele zwischengeschaltete Vertriebsorgane vermieden werden sollten. Bei Produkten, die häufig und routinemäßig gekauft werden, spielt die Verfügbarkeit auf allen Handelsstufen eine große Rolle.

Die Auswahl von Handelsbetriebsformen kann anhand der 5 „C“ erfolgen *(Meffert, H./Althans, J., 1982)*:

[1] Character (Sortiment, Zielgruppen, Image),

[2] Coverage (Distributionsgrad),

[3] Cost (Rabatte, Provisionen),

[4] Control (Preiskontrollen, Information über Absatzmengen usw.) und

[5] Continuity (dauerhafte Leistungsfähigkeit).

Die endgültige Entscheidung über die Wahl der Vertriebsorgane muss unter Berücksichtigung von Kostengesichtspunkten sowie der Flexibilität und der Anpassungsfähigkeit der alternativen Vertriebsorgane erfolgen. Auch spielen kulturelle Faktoren im Vertriebsprozess eine bedeutende Rolle. Kulturelle Unterschiede können im persönlichen Verkauf zu Missverständnissen und schließlich auch zum Scheitern von Verkaufsgesprächen führen. So zeigt die kulturvergleichende Managementforschung, dass z.B. individualistische Kulturen im Verhandlungsprozess weniger auf persönliche Beziehungen abstellen und in Low-Context-Kulturen zentrale Inhalte direkt kommuniziert werden *(Homburg, C., 2014)*.

5.3 Besonderheiten der internationalen Vertriebslogistik

Die internationale Vertriebslogistik setzt sich mit dem inter- und intranationalen Warentransport auseinander *(Berndt, R./Fantapié Altobelli, C./Sander, M., 2010)*. Zielsetzung ist die effiziente Bereitstellung einer bestimmten Menge bestimmter Güter zu einem bestimmten Zeitpunkt an einem bestimmten Ort. Als zentrale Effizienzkriterien im Rahmen der internationalen Vertriebslogistik gelten die Kosten und die Lieferqualität i.S.v. Zeit, Zuverlässigkeit und Flexibilität. Im internationalen Kontext ist die Vertriebslogistik z.T. sehr komplex ausgestaltet. Je nach Güterart sind die Anforderungen an Verpackung, Auftragsmanagement, Transport und Lagerung unterschiedlich hoch.

Bei der Ausgestaltung der **intranationalen Vertriebslogistik**, d.h. der Logistik im ausländischen Markt, muss die jeweilige landesspezifische Situation im Hinblick auf politisch-rechtliche Faktoren, natürliche Gegebenheiten (Geografie, Klima) sowie Verkehrs- und Kommunikationsinfrastruktur berücksichtigt werden. Die **internationale Vertriebslogistik** wiederum zielt auf grenzüberschreitende Güterbewegungen ab. In diesem Zusammenhang sind vor allem Währungsdifferenzen sowie tarifäre (Zölle, Subventionen) und nichttarifäre Handelshemmnisse (z.B. Exportbeschränkungen, Einfuhrverbote, Umwelt- und Verpackungsstandards) zu beachten.

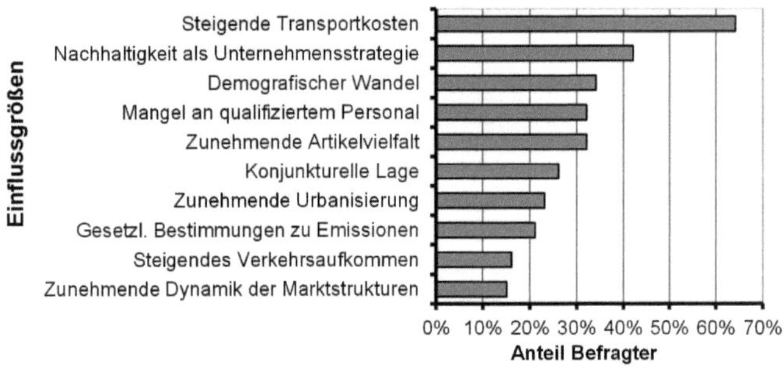

Abbildung 12: Einflussgrößen auf die Handelslogistik in Deutschland
Quelle: EHI Retail Institute, Fraunhofer IML, 2011

Abbildung 12 zeigt die wesentlichen Einflussgrößen auf die Handelslogistik in Deutschland. Hier wird deutlich, dass insbesondere die zunehmenden Transportkosten von großer Bedeutung sind.

6 Einfluss des Internets auf den Marketing-Mix in internationalen Unternehmen

6.1 Bedeutung des Internets für die internationale Unternehmung

Die weltweite Vernetzung durch Kommunikations- und Informationstechnologien hat die Entstehung einer globalen Wissens- und Informationsgesellschaft ermöglicht. Hierbei spielt das Internet die zentrale Rolle. Weltweit steigt die Anzahl der Internetnutzer stetig, wobei die Verfügbarkeit und die Nutzungsintensität zwischen den einzelnen Ländern stark divergieren. Insbesondere zwischen den Industriestaaten ist die Dichte der Kommunikationsströme besonders intensiv. Abbildung 13 gibt einen Überblick über die Nutzung des Internets in unterschiedlichen Regionen.

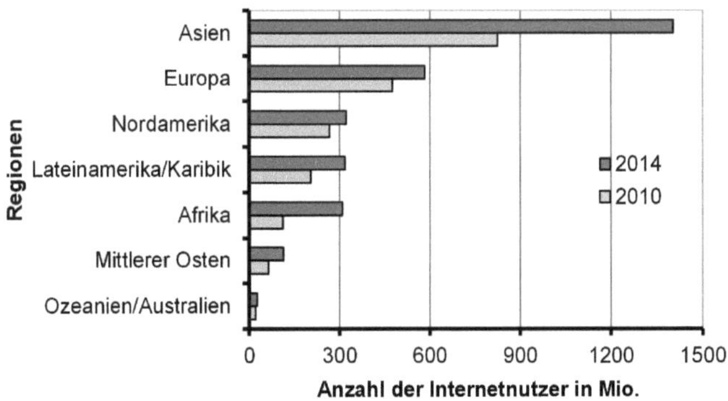

Abbildung 13: Internetnutzer in unterschiedlichen Weltregionen
Quelle: Internet World Stats, 2014, online

Der Einfluss des Internets und weiterer digitaler Technologien auf das klassische Marketing ist vielseitig. Versucht man sich diesem Themenkreis definitorisch zu nähern, stößt man schnell auf eine Vielzahl von Begrifflichkeiten. Abbildung 14 umfasst zentrale marketingrelevante Begriffe und deren Definitionen.

Begriff	Definition
Digitale Medien	Kommunikation durch Inhalte und interaktive Dienstleistungen, die auf unterschiedlichen digitalen Plattformen (z.B. Internet, Web, Smartphones, digitales Fernsehen) bereitgestellt werden
Internet Marketing	Nutzung des Internets und damit verbundener digitaler Technologien in Kombination mit traditioneller Kommunikation zur Erreichung von Marketingzielen
E-Marketing	Erreichen von Marketingzielen durch die Nutzung von elektronischen Kommunikationstechnologien
Digitales Marketing	Erreichen von Marketingzielen durch die Nutzung elektronischer Medien (z.B. Web, E-Mail, interaktives Fernsehen) in Verknüpfung mit digitalen Daten über Charakteristika und Verhalten von Konsumenten
Web 2.0	Web-basierte Dienste, die die Interaktion zwischen Nutzern zur Erzeugung nutzergenerierter Inhalte zum Ziel haben (z.B. Soziale Netzwerke)
Web 3.0 / Semantisches Web	Nächste intelligente Web-Generation, die schnelle Verbindungen und komplexe Interaktion der Nutzer zur automatischen Bereitstellung bzw. Verwendung von Daten aus unterschiedlichen Quellen beinhaltet
Electronic Commerce	Elektronische Durchführung von Informations- und Finanztransaktionen zwischen einer Organisation und ihren Stakeholdern (elektronischer Geschäftsverkehr/Handel)
Electronic Business	Elektronischer Informationsaustausch innerhalb einer Organisation und zwischen der Organisation und ihren Stakeholdern zur automatisierten Durchführung der Geschäftsprozesse (Einkauf, Handel, Kommunikation)

Abbildung 14: Marketingrelevante Begriffe des Internetzeitalters
Quelle: *Chaffey, D./ Ellis-Chadwick, F., 2012*

Das Internet hat nicht nur Auswirkungen auf die Marketingfunktion, sondern auf das gesamte Unternehmen und dessen Beziehung zu externen Stakeholdern. Es beeinflusst die Kommunikations- und Transaktionsprozesse entlang der gesamten Wertschöpfungskette eines Unternehmens. Es dient der Schaffung neuer und der Entwicklung bestehender nationaler und internationaler Märkte. Grundsätzlich muss sich ein Unternehmen im Rahmen der Strategieentwicklung über das jeweilige digitale Geschäftsmodell bewusst werden. Abbildung 15 zeigt die Vielfalt an möglichen Geschäftsmodellen, die sich aus der Anbieter-Nachfrager-Beziehung ergeben können.

Nachfrager Leistung / Inhalt	Consumer	Business	Government
Government	**Consumer-to-Government (C2G)** •Transaktionen (Steuern) •Rückmeldungen/ Beschwerden	**Business-to-Government (B2G)** •Transaktionen (Steuern) •Rückmeldungen/ Beschwerden	**Government-to-Government (G2G)** •Transaktionen •Dienstleistungen •Informationsaustausch
Business	**Consumer-to-Business (C2B)** •Kundenrückmeldungen •Communities •Kampagnen •Jobbörsen	**Business-to-Business (B2B)** •Transaktionen •Beziehungsmanagement •Marktplätze	**Government-to-Business (G2B)** •Transaktionen (Steuern, Beschaffung) •Regulation/Gesetze
Consumer	**Consumer-to-Consumer (C2C)** •Kleinanzeigen •Auktionen •Kommunikation •Blogs, Communities, Social Networks	**Business-to-Consumer (B2C)** •Shopping •Beziehungsmanagement •Markenpflege •Nachrichtendienste •Vergleichsportale	**Government-to-Consumer (G2C)** •Transaktionen •Informationen •Dienstleistungen
	Anbieter Leistung / Inhalt		

Abbildung 15: Alternative digitale Geschäftsmodelle
Quelle: In Anlehnung an *Chaffey, D./Ellis-Chadwick, F., 2012*

Obgleich das Internet auf sämtliche Funktionsbereiche eines internationalen Unternehmens einwirkt, ist aus Sicht der marktorientierten Unternehmensführung der Einfluss auf das Marketing als Schnittstelle zum Kunden von besonderer Relevanz. So findet sich heute kaum noch ein Unternehmen, das nicht über eine eigene Homepage verfügt und dessen Informationen somit nicht weitgehend unabhängig von Ort und Zeit überall dort abgerufen werden können, wo ein Internetzugang vorhanden ist. Mittels neuer Technologien treten Konkurrenten in den Markt ein, die bislang rein national tätig waren. Sie sorgen damit aus Sicht internationaler Unternehmen für einen zunehmenden Wettbewerbsdruck. Das Internet ermöglicht somit zwar auf der einen Seite das Voranschreiten der Globalisierung, auf der anderen Seite müssen Unternehmen heute in vielleicht stärkerem Maße als früher die kulturellen Hintergründe ihrer Kunden beachten.

Aber auch regulatorischen Aspekten muss Aufmerksamkeit geschenkt werden, wenn Unternehmen die Internettechnologie weltweit erfolgreich einsetzen möchten. An dieser Stelle sei die straffe Regulierung der Internetnutzung in China angeführt.

Alle Funktionen des Marketing-Mix werden durch das Internet durchdrungen. Es beeinflusst die Interaktion mit den marketingrelevanten Stakeholdern wie z.B. Kunden, Zulieferern und Vertriebsorganen. Ohne die aktive Berücksichtigung des Internets als Einflussfaktor und Instrument der internationalen Produkt-, der internationalen Preis-, der internationalen Kommunikations- und der internationalen Vertriebspolitik verlieren Unternehmen langfristig an Wettbewerbsfähigkeit.

6.2 Einfluss des Internets auf die internationale Produktpolitik

Die internationale Produktpolitik muss in vielen Bereichen durch das Aufkommen des Internet-Marketings neu überdacht werden.

Wesentliche Zielsetzungen aus Sicht des Unternehmens sind dabei die Neuproduktentwicklung (z.B. Senkung der Flopraten), die Variation und Erweiterung des Kernproduktes (neue Anwendungsfelder und Dienstleistungen) sowie die Bereitstellung von produktbezogenen Informationen und die Erschließung neuer Märkte.

Zunächst ergibt sich für das internationale Unternehmen die Möglichkeit, Produktinnovationsprozesse effizienter zu gestalten. Mithilfe des Internets gelingt es beispielsweise, dass sich Produktentwicklungsgruppen, die geografisch weit voneinander entfernt sind, virtuell koordinieren können. Somit können große räumliche und zeitliche Distanzen überwunden werden, wodurch eine simultane und permanente Produktentwicklung auch global ermöglicht wird *(Fritz, W./von der Oelsnitz, D., 2006)*. Auch differenzierte Markterfordernisse unterschiedlicher Länder können somit besser berücksichtigt werden. Insgesamt können drei Typen internetbasierter Innovationsprozesse unterschieden werden *(Gassmann, O., 2001)*. Beim **Rapid Prototype Launching** werden teilweise noch unfertige Produkte als Neuprodukte eingeführt und anhand der Kundenreaktionen weiterentwickelt, was den Produktinnovationsprozess wesentlich beschleunigt. Die **partizipative Produktentwicklung** hingegen ist durch die Integration des Nachfragers in den Produktinnovationsprozess gekennzeichnet. Dies führt auch zu individuell auf die Nachfrager abgestimmte Produkte und senkt die Flopraten. Der Konsument wird zum Prosument, indem er nicht nur konsumiert, sondern als Teil des Produktions- bzw. Entwicklungsprozesses mit-produziert. Hier können Instrumente des Web 2.0 wie z.B. Social-Media-Plattformen zum Einsatz kommen. **Netzwerkinnovationen** sind Produkte, die im Internet allen Interessenten kostenlos zur Verfügung gestellt werden. Das bekannteste Beispiel hierfür ist die Entwicklung des Linux-Betriebssystems, bei dem sich die Anwender dazu verpflichten mussten, sämtliche neuen Module der Architektur ebenso offenzulegen und frei zugänglich zu machen. Dieses Konzept führte schließlich dazu, dass Linux ein ernsthafter Konkurrent von Microsoft wurde.

Im Rahmen der Markenpolitik geht es um die zentrale Fragestellung einer Standardisierung oder Differenzierung. Oft werden global bekannte Markennamen auch im Rahmen der Online-Markenführung beibehalten. Dies gilt insbesondere, wenn sie Firmen- oder Dachmarken darstellen. Globale Marken erleichtern den Aufbau und die Nutzung von sog. Brand-Communities. Eine Differenzierungsstrategie wird hingegen meist dadurch verfolgt, indem Produktmarken modifiziert werden. So bietet das Versicherungsunternehmen HUK-Coburg Online-Versicherungen unter dem Namen HUK24 an. Beachtet werden sollte, dass Assoziationen, die ein Kunde im Hinblick auf ein bestimmtes Unternehmen hat, auf das Internet-Marketing übertragen werden können. Im Rahmen des differenzierten internationalen Online-Markenmanagements können länderspezifische Markenwebsites eingerichtet werden. Die konkrete Ausgestaltung ist abhängig von der Markenarchitektur sowie der Markenbekanntheit, dem Markenimage und der Markenloyalität in den ausländischen Märkten. Unerlässlich ist sowohl für die standardisierte als auch die differenzierte Markenpolitik ein kontinuierliches Marken-Monitoring im Internet.

Mithilfe des Internet-Marketings kann es weiterhin gelingen, weltweit neue Zielgruppen anzusprechen und somit die Kundenbasis bereits existierender Produkte zu erhöhen. Hierdurch gelingt u.U. eine schnellere Repositionierung bereits bestehender Produkte. Auch kann das Konzept der Mass Customization genutzt werden, indem den Produktnutzern sowohl kostenfreie als auch kostenpflichtige webbasierte Dienstleistungen angeboten werden, die das Kernprodukt ergänzen (Soft Customization). Ferner besteht die Möglichkeit, Produkte bereits im Fertigungsprozess auf Basis von Kundenangaben individuell zu gestalten (Hard Customization).

6.3 Einfluss des Internets auf die internationale Preispolitik

Der Einfluss des Internets auf das Preismanagement eines Unternehmens kommt in der weltweit zunehmenden Preistransparenz, dem zunehmenden Preisreduktionsdruck, den neuen Ansätzen zur Preisbildung, den alternativen Preisstrukturen sowie der Gewinnung von Preisinformationen wie z.B. Zahlungsbereitschaften zum Ausdruck *((Chaffey, D./ Ellis-Chadwick, F., 2012; Spann, M./Soukhoroukova, A., 2007)*.

Grundsätzlich ist zu beachten, dass Unternehmen durch ihr Internetengagement erhebliche Kosten z.B. für die Einrichtung und permanente Pflege geeigneter Websites und Online-Plattformen entstehen, die einer Preisreduzierung entgegenwirken *(Strauss, J./ Frost, R., 2014)*. Bestehen Homepages in verschiedenen Sprachen, erhöht dies den Aufwand für Pflege und Wartung zusätzlich. Auf der anderen Seite ermöglicht ein exklusiver Vertrieb der Waren- und Dienstleistungen über das Internet, die Logistikkosten zu senken und somit diese Kostensenkung über eine Preissenkung an die Endkunden weiterzugeben. Preisreduktionstendenzen ergeben sich u.a. auch dadurch, dass Nachfrager über fast vollkommene Informationen hinsichtlich der Preise verfügen und insbesondere mithilfe diverser Suchmaschinen direkte Preisvergleiche durchführen können. Weiterhin wird durch die Existenz von Preisvergleichsdiensten die Informationsbeschaffung aus Nachfragersicht zusätzlich vereinfacht und somit der Preisdruck auf die Unternehmen erhöht, was sich z.T. in intensiven Preiswettbewerben äußert. Somit wird auch die Preisdifferenzierung zwischen einzelnen Ländermärkten erschwert..

Im Hinblick auf die Preisfestlegung erweisen sich insbesondere kostenorientierte Ansätze als problematisch, was vor allem dann gilt, wenn es sich um digitale Produkte handelt. Begründet werden kann dies mit den hohen Fix- und sehr geringen Grenz- bzw. variablen Kosten bei digitalen Produkten. So entstehen durch die Internetpräsenz zusätzliche fixe Bereitstellungskosten (z.B. Hard- und Software, zusätzliches Personal sowie Organisationskosten aufgrund der Anpassung der Organisationsstruktur an den Internetvertrieb). Daneben fallen zusätzliche Transaktionskosten an (z.B. Leitungskosten sowie Opportunitätskosten wie etwa durch unterbrochene Verbindungen) sowie weitere Kosten, die beispielsweise durch die Etablierung der Internetmarke entstehen *(Fritz, W./ von der Oelsnitz, D., 2006)*. Mit zunehmender Absatzmenge können somit ganz erhebliche Durchschnitts- bzw. Stückkostendegressionseffekte entstehen, die dazu führen, dass marktorientierte Ansätze der Preisfestlegung geeigneter erscheinen. Dabei kann aufgrund der hohen Preistransparenz eine konkurrenzorientierte Preisfestlegung erfolgen, wobei sich häufig das Problem ergeben wird, dass in unterschiedlichen Ländern auch weiterhin unterschiedliche Preise vorherrschen und Transportkosten berücksichtigt werden müssen. Eine kundenorientierte Preisfestlegung kann z.B. über die Teilnahme an Online-Auktionen erfolgen, wodurch die Zahlungsbereitschaft der Kunden getestet werden kann *(Skiera, B./Schäfers, B., 2001)*. Neben Auktionen, bei denen der Käufer durch seine Gebote den Endpreis bestimmt, kommen des Weiteren als Online-Preismechanismen das Reverse-Pricing, bei dem die Käufer gegen einen nicht bekannten Minimalpreis bieten, sowie das Co-Shopping, bei dem Käufer virtuelle Einkaufsgemeinschaften bilden, um Mengenrabatte zu erzielen, zum Einsatz *(Spann, M./Soukhoroukova, A., 2007)*. Das Internet ermöglicht es, neue Preisstrukturen zu nutzen. So sind insbesondere für digitale Güter die Bezahlung pro Nutzung bzw. pro Volumen oder die feste monatliche Mietzahlung gängig *(Chaffey, D./ Ellis-Chadwick, F., 2012)*.

Zahlungs- und Lieferungsbedingungen kommen im Internet eine extrem hohe Bedeutung zu. Hierbei sind wiederum die unterschiedlichen Zahlungsgewohnheiten in den einzelnen Ländern zu beachten. So existieren auch heute noch in Deutschland z.T. sicherheitstechnische Vorbehalte gegenüber dem Online-Shopping, während in den USA derartige Bedenken weitgehend abgebaut sind. Von hoher Bedeutung ist demnach aus Unternehmenssicht beispielsweise die Gewährleistung einer hohen Transaktionssicherheit, die ausschließt, dass Dritte die Transaktion verfolgen können. Verschiedene Zahlungsverfahren im Internethandel können sein *(Schinzer, H., 2001; Heinemann, C./Priess, S., 2000)*:

- Offline-Zahlungen, die außerhalb des Internet stattfinden, wobei die Begleichung der Rechnung zumeist per Banküberweisung geschieht,
- Zahlung per Kreditkarte,
- Debit-Zahlungen in Form eines elektronischen Lastschriftverfahrens,
- Internet-Cash, das digitales Münzgeld darstellt und auf der Festplatte des Nutzers verwahrt wird,
- Geldkarten, bei denen die Werteinheiten in einem Chip gespeichert sind, z.B. Chip- oder Prepaid-Karten, und
- Mobile Payments in Form neuer mobilfunkgestützter Bezahlverfahren per Mobiltelefon.

Zunehmend wichtiger sind Leasingangebote, die leicht auf Basis eines Verkaufspreises im Internet berechnet werden können.

6.4 Einfluss des Internets auf die internationale Kommunikationspolitik

Auch die internationale Kommunikationspolitik muss durch den Einfluss des Internets in vielen Unternehmen neu überdacht werden. Dabei stellt sich in diesem Zusammenhang zunächst die Frage einer Standardisierung oder Differenzierung. Einerseits kann die internationale Kommunikationspolitik durch eine Standardisierung erhebliche Kostenvorteile bringen, andererseits kann sie Nachteile bei der Ansprache spezifischer Kundengruppen bedeuten. Eine Differenzierung mag zwar einige Kostennachteile zur Folge haben, mit den neuen Kommunikations- und Informationstechnologien ist jedoch weltweit ein individueller Zugang zu bestehenden und neuen Zielgruppen möglich, der vorher nicht gegeben war. Für viele Unternehmen stellt die Nutzung des Internets im Rahmen der Online-Kommunikationspolitik eine große Herausforderung dar *(Backhaus, K./Voeth, M., 2010)*.

Die Kommunikationspolitik ist eines der wichtigsten Einsatzfelder des Internets im Marketing. Das Internet muss stringent in die

Gesamtkommunikationsstrategie eingebettet werden. Dies hat zur Folge, dass nahezu alle Instrumente des Kommunikationsmix durch das Internet beeinflusst sind. Die Online-Kommunikationspolitik formt eine kommunikative Klammer um die übrigen Marketing-Teilpolitiken. Ziel ist die Implementierung einer Schnittstellenfunktion zum Konsumenten. Dieser soll das Unternehmen und seine Produkte wahrnehmen, als solcher gewonnen und zum loyalen Kunden weiterentwickelt werden. Kennzeichnend für die Online-Kommunikation ist deren Hypermedialität, deren globale Verfügbarkeit und die Echtzeitkommunikation von z.T. individualisierten Inhalten. Der Konsument wird aktiv in den Kommunikationsprozess integriert und es findet eine Interaktion zwischen den Kunden untereinander und den Kunden und dem Unternehmen statt. Für ein internationales Unternehmen ergibt sich somit eine Reihe zusätzlicher Chancen. Grundsätzlich lassen sich alle Elemente des Kommunikationsmix online nutzen. Als zentrale Instrumente gelten die Unternehmenshomepage, die Bannerwerbung, das E-Mail-Marketing sowie das Suchmaschinenmarketing und das Virale Marketing bzw. Instrumente des Web 2.0 wie z.B. soziale Netzwerke, Video- oder Brand-Communities, Blogs und Podcasts. Entscheidend für den Erfolg in der Anwendung dieser Instrumente ist die permanente Kontaktpflege, die Sicherstellung einer konsequenten Maßnahmenkontrolle und die Zusammenführung der generierten Daten in einem elektronischen Kundenbeziehungsmanagement (eCRM), zu dem immer auch ein Beschwerdemanagementsystem gehört. In diesem Zusammenhang sind die z.T. unterschiedlichen rechtlichen Aspekte (bspw. Datenschutz) in den einzelnen Ländern zu beachten. So ist z.B. in Deutschland das Versenden unerwünschter Werbenachrichten verboten. In Österreich untersagt das Telekommunikationsgesetz (§101 TKG) diese Form der Werbung *(Geis, I., 2001)*. Die Möglichkeiten der Strafverfolgung sind diesbezüglich derzeit als eher begrenzt anzusehen.

Von besonderer Bedeutung ist die Darstellung der Websites, auf denen das Unternehmen und dessen Produkte vorgestellt und zunehmend die Möglichkeiten zur Interaktion zwischen Kunden und Unternehmen geschaffen werden. Gab es zu Beginn des Internetzeitalters lediglich eine Homepage für das Gesamtunternehmen, gehen immer mehr Unternehmen dazu über, gezielt landeseigene Homepages zu entwickeln, die auf die Bedürfnisse und kulturellen

Wertvorstellungen der jeweiligen Gastländer ausgerichtet sind. Insbesondere bei der formalen Gestaltung der Websites sind Faktoren wie z.B. Sprache, Farben oder die Verwendung von Bildern und musikalischen Elementen zu beachten *(Meffert, H./Burmann, C./ Becker, C., 2010)*. So sind beispielsweise japanische Websites häufig bunter und differenzieren sich durch die Verwendung von grellen Farben oder Hintergrundmusik von deutschen Websites. Grundsätzlich sollten Websites vor dem Go-Live auf landes- bzw. zielgruppenspezifische Besonderheiten marktforschungsseitig getestet werden. Internationale Unternehmen setzen Websites zunehmend auch als PR-Instrument ein, wobei die Bereiche, die sich speziell an die Presse richten, entweder als öffentlich zugängliches Forum oder als geschlossener Benutzerbereich implementiert werden. Dabei führen Registrierungsoptionen für Journalisten dazu, dass diese die Presseinformationen direkt per E-Mail erhalten. Dies führt nicht nur zu einer direkten Kommunikation, sondern gestattet insbesondere eine schnellere Information internationaler Medien *(Stolpmann, M., 2002)*.

Auf Websites kommt auch die Bannerwerbung zum Einsatz. Hierbei handelt es sich um eine Art Online-Anzeigen. Durch Anklicken gelangt man über einen Hyperlink zu einer Internetseite des werbenden Unternehmens. Sich selbst auf einer Website in einem neuen Fenster öffnende Banner werden als Pop-ups bezeichnet. Wird die Navigation auf einer Website durch ein Banner unterbrochen, so bezeichnet man dies als Unterbrecherwerbung bzw. Interstitial *(Homburg, C., 2014; Meffert, H./Burmann, C./Kirchgeorg, M., 2015)*.

Zielsetzung der **E-Mail-Werbung** ist es, dem Kunden unternehmens- bzw. produktbezogene Informationen zukommen zu lassen und ihn auf die Unternehmens- bzw. Produktwebsite zu leiten. Inhalte dieser E-Mail können Kataloge oder Newsletter sein, die den Kunden z.B. auf aktuelle Sonderaktionen des Unternehmens hinweisen. Um die rechtlichen Anforderungen an diese Art der Kommunikation zu erfüllen, versuchen die Unternehmen, eine Einverständniserklärung des Beworbenen zu erhalten. In diesem Fall spricht man vom sogenannten Permission-Marketing *(Berndt, R./Fantapié Altobelli, C./Sander, M., 2010)*. Im internationalen Kontext sind vor allem die rechtlichen Rahmenbedingungen genau zu prüfen.

Im Rahmen des Suchmaschinenmarketings, kurz SEM (Search Engine Marketing), erwirbt ein Unternehmen für aus seiner Sicht relevante Stichworte die Top-Platzierung einer Suchmaschine wie z.B. Google oder Yahoo. Nach Eingabe der bestimmten Schlagwörter erscheinen die Einträge des Unternehmens im oberen Bereich der Ergebnisliste oder in einem Werbekasten gesondert dargestellt. Kritisch anzumerken ist der z.T. manipulative Charakter der Suchmaschinenoptimierung.

In den letzten Jahren nutzen die Unternehmen zunehmend **virales Marketing**. Virales Marketing nutzt Instrumente des Web 2.0 wie z.B. soziale Netzwerke und versucht mit ungewöhnlichen Botschaften, die auf ein Unternehmen, ein Produkt oder eine Marke abstellen, zu kommunizieren. Ziel ist es dabei, Aufmerksamkeit zu erzeugen und über netzbasierte Mund-zu-Mund-Propaganda die Botschaften exponentiell zu verbreiten.

Anstelle der klassischen Messen und Ausstellungen können mithilfe des Internets derartige Veranstaltungen auch virtuell gestaltet werden. Im Internet treten derartige Messen in unterschiedlicher Form auf, so z.B. als temporäre oder permanente virtuelle Messen, als Begleitmessen oder als traditionelle Messen ersetzende Substitutionsmessen *(Fritz, W./von der Oelsnitz, D., 2006)*. Ein wirkungsvolles Instrument stellen auch sogenannte „Locator" beispielsweise für Gebrauchtwagen dar. Dort können international verfügbare Gebrauchtwagen nach Modellen und Verfügbarkeit beim Händler identifiziert und gekauft bzw. reserviert werden. Die Vorteile gegenüber traditionellen Messen bestehen hierbei vor allem in ihrer Orts- und Zeitungebundenheit, so dass sie ohne geografische und zeitliche Restriktionen ein größeres Publikum ansprechen können. Darüber hinaus ergeben sich erhebliche Kostenvorteile sowie geringere logistische Probleme. Es muss jedoch beachtet werden, dass virtuelle Messen einen Großteil ihres Erlebnis- bzw. Event-Charakters verlieren und die Anbahnung, Pflege sowie der Ausbau von Firmenkontakten im Ausland bedeutend schwieriger wird. Insbesondere in Ländern, in denen einem persönlichen Kontakt ein großer Einfluss zugesprochen wird, fällt dies negativ ins Gewicht.

6.5 Der Einfluss des Internets auf die internationale Vertriebspolitik

Das Internet kann als neuer Absatzkanal zur Erschließung von Auslandsmärkten fungieren. Insbesondere kleine und mittelständische Unternehmen sind so in der Lage, schnell und flexibel ausländische Märkte zu bearbeiten. Es kommt zum einen als Direktvertrieb, z.B. bei Verkauf von Software, in Betracht und andererseits kann es im Rahmen eines indirekten Vertriebs genutzt werden. Dies geschieht beispielsweise, wenn Online-Händler im Ausland den Absatz von Herstellern an den Endkunden übernehmen. Darüber hinaus kann das Internet als zusätzliche Bestellmöglichkeit fungieren.

Insbesondere im Bank- und Versicherungssektor hat das Internet als Vertriebsmedium inzwischen sehr weite Verbreitung gefunden. So werden vor allem einfache Standardprodukte – beispielsweise eine Kfz-Versicherung oder Reiserücktrittskostenversicherungen – online vertrieben. Im Bankensektor wurde insbesondere zum Ende der 1990er Jahre eine Reihe sog. Online-Broker gegründet. Inzwischen wird eine Vielzahl der täglichen Bankgeschäfte online getätigt, was zu einer Senkung der Transaktionskosten auf Seiten der Banken geführt hat.

Vielfach wird behauptet, dass das Internet zu einer erheblichen Umgestaltung bestehender Absatzkanäle führt und langfristig den traditionellen Handel ersetzen wird (Disintermediation). Übersehen wird dabei jedoch, dass der Hersteller bei der Umgehung der traditionellen Absatzmittler selbst in erheblichem Maße Handelsfunktionen ausüben muss, worauf er jedoch nicht spezialisiert ist. In zahlreichen Branchen hat dies inzwischen zur Bildung neuer Intermediäre geführt. So wird der traditionelle Buchhandel beispielsweise nicht von den Verlegern direkt, sondern durch den Online-Buchhandel herausgefordert. Der Online-Buchhandel übernimmt hierbei gleichzeitig Groß- und Einzelhändlerfunktionen *(Fritz, W./ von der Oelsnitz, D., 2006)*.

Ein wichtiger Wettbewerbsfaktor im Vertriebsbereich wird bei einer Vielzahl von Produkten in der physischen Distribution im Ausland gesehen. Während digitale Güter bis zum Endkunden online vertrieben werden können, sofern der Nachfrager über ein entsprechendes Ausgabemedium verfügt, sind nichtdigitale Güter auch weiterhin offline zu distribuieren *(Albers, S./Clement, M./Skiera, B., 2001)*. Dafür stehen Unternehmen drei Möglichkeiten zur Verfügung: die Lieferung in Eigenregie, die Lieferung der Produkte über Versender sowie die Lieferung an Service-Points. Mittels sog. „Tracking and Tracing"-Funktionen *(Pietsch, D., 2003)* kann die physische Distribution hierbei durch Informationen im Internet jederzeit verfolgt werden, was beim Versender zu hohen Kosteneinsparungen führen kann. So muss UPS beispielsweise die Kundenanfragen nach dem Status der Lieferung nicht mehr telefonisch beantworten. Auch im Falle des Online-Buchhändlers Amazon ist die physische Distribution als ein entscheidender Erfolgsfaktor zu sehen. Er verspricht beispielsweise, stets die neuesten Auflagen der „Harry Potter"-Reihe am ersten Verkaufstag bei den Kunden auszuliefern, was nicht nur einen enormen logistischen Aufwand erfordert, sondern bei Nichterfüllung zu nachhaltigen Umsatzeinbußen führen kann.

Das Internet kann des Weiteren in verschiedener Hinsicht zur Verkaufsunterstützung eingesetzt werden. So können beispielsweise Verkäufer mithilfe internetfähiger Laptops im Rahmen von Beratungs- und Verkaufsgesprächen die verschiedenen Produkte multimedial präsentieren und individuell konfigurieren und kalkulieren. Das Internet ermöglicht auch eine intensivere Kundenkontaktpflege. So besteht für den Verkäufer die Möglichkeit, jederzeit und an jedem Ort mit seinem Kunden über E-Mail Verbindung aufzunehmen. Weiterhin erlaubt das Internet dem Verkäufer, aktuelle Informationen der Wettbewerber abzurufen und sich hierdurch besser auf sein nächstes Kundengespräch vorzubereiten. Dies führt allerdings gleichzeitig dazu, dass sich die Anforderungen an den Verkäufer ebenfalls erhöhen, da sein Aufgaben- und Anforderungsspektrum durch den Einsatz interaktiver Medien steigt.

Backhaus und *Voeth* weisen auf Einflussfaktoren hin, die bei der Nutzung des Internets im Rahmen der internationalen Vertriebspolitik zu beachten sind:

[1] Internetzugang in den jeweiligen Auslandsmärkten,

[2] Akzeptanz des Mediums Internet auf Nachfrageseite,

[3] Reaktanz auf Seiten ausländischer Vertriebspartner aufgrund von Substitutionsängsten,

[4] Begrenzung von nationalen bzw. regionalen Differenzierungsmöglichkeiten durch gestiegene Markttransparenz und

[5] Kosten der konkreten Internetpräsenz sowie positive und negative Folgen der Nutzung des Vertriebskanals Internet für die Umsatzentwicklung.

Entscheidend für die erfolgreiche Umsetzung von E-Commerce-Strategien sind die Prozesse im Hintergrund, die dafür sorgen sollen, dass die **online** durchgeführten Bestellungen und Informationsanfragen **offline** schnell, kundengerecht und mit hoher Qualität abgearbeitet werden *(Pietsch, D., 2003)*.

Fallstudie: Weltweite Markenführung am Beispiel der Heidelberger Druckmaschinen AG

HEIDELBERG

Weltweite Markenführung am Beispiel der Heidelberger Druckmaschinen AG

Nuneva, Crisand, Woywode

1. Die Heidelberger Druckmaschinen AG – Geschichte einer Marke

Die Heidelberger Druckmaschinen AG ist der international führende Lösungsanbieter und Dienstleister in der Printmedien-Industrie. Das Unternehmen bietet umfassende Lösungen in den Bereichen Bogenoffsetdruck, Digitaldruck sowie in der Fertigung anspruchsvoller Teile und Baugruppen im Präzisionsmaschinenbau. Im Geschäftsjahr 2011/2012 erzielte die Heidelberger Druckmaschinen AG mit weltweit ca. 16.000 Mitarbeitern einen Umsatz von 2,62 Mrd. Euro bei rund 200.000 Kunden und hat einen Marktanteil von über 45%. Als global agierendes Unternehmen erwirtschaftet die Heidelberger Druckmaschinen AG über 85% des Umsatzes außerhalb Deutschlands in mehr als 170 Ländern; 85% des Umsatzes kommen aus eigenen Vertriebsgesellschaften, ca. 45% aus „Emerging Markets“.

Die Marke Heidelberg trägt wesentlich zum weltweiten Erfolg bei – ein Beispiel erfolgreicher Markenführung im Industriegütersektor. Gegründet 1850 als Glockengießerei und Maschinenfabrik, präsentierte die Heidelberger Druckmaschinen AG vor 90 Jahren mit dem „Heidelberger Tiegel“ die erste Druckmaschine, die in Großserie hergestellt wurde. Auf dessen Basis werden bis heute technologisch innovative Nachfolgemodelle entwickelt.

2. Vom Druckmaschinenbauer zum Lösungsanbieter mit umfassender Service- und Managementkompetenz

Eine konsequente Kundenausrichtung und das Anbieten von qualitativ hochwertigen Produkten waren von Beginn an die Garanten für den großen Markterfolg der Heidelberger Druckmaschinen AG.

Auf Basis ihrer technologischen Kompetenz konnte sich die Heidelberger Druckmaschinen AG über die Jahre als „Partner der Drucker“ etablieren. Gegen Ende der 1990er Jahre setzte sich die Heidelberger Druckmaschinen AG zum Ziel, den wachsenden Ansprüchen der Kunden, eine umfassende Betreuung über sämtliche Stufen des Druckprozesses [Prepress (Druckvorstufe) → Press → Postpress (Weiterverarbeitung) als integrierte Lösung zur Gewährleistung eines reibungslosen Produktionsprozesses (Workflow)] anzubieten, gerecht zu werden. Des Weiteren war die Gewährleistung eines hohen Servicelevels über den gesamten Workflow hinweg sicherzustellen. Konsequent ihrer Ausrichtung an Kundenbedürfnissen folgend, traf die Heidelberger Druckmaschinen AG die Entscheidung, den Schritt vom Produktanbieter zum Lösungsanbieter zu vollziehen. Diesem entsprechend sollte jedem Kunden eine individuelle Lösung angeboten werden. Zur Verwirklichung dieser Ziele musste die Heidelberger Druckmaschinen AG nicht nur Hardware, sondern auch Software und Brainware anbieten. Um individuelle Bedürfnisse des jeweiligen Kunden zu bedienen, entwickelte die Heidelberger Druckmaschinen AG im Rahmen einer Brainware-Initiative eine eigene Akademie, deren Angebot sich von Heidelberg-spezifischen Produkttrainings über Managementprogramme bis hin zu umfassenden Qualifizierungsmaßnahmen erstreckt. Außerdem wurde eine Plattform für den gemeinsamen branchenweiten Erfahrungsaustausch erstellt, die mitunter viele aktuelle Themen der Druck- und Medienindustrie abdeckt. Schon der erste große strategische Schritt zur Jahrtausendwende, die Neuausrichtung des Unternehmens als Lösungsanbieter, hat eine Neupositionierung der Marke Heidelberg sowie eine Überprüfung der Markenidentität erfordert. Aber auch der zweite strategische Schritt, die Ergänzung eines weitreichenden Serviceangebotes und umfassender Managementkompetenz, war im Rahmen einer Weiterentwicklung der Markenidentität durchzuführen. In konsequenter Weiterentwicklung der Strategie seit 2008 wurde das Dienstleistungsangebot um die Kompetenz Beratung erweitert. Zugleich wurden Dienstleistungen wie etwa Prozessberatung, Fremdfertigung und Forschung und Entwicklung auch Unternehmen außerhalb der Printmedien-Industrie zugänglich gemacht. Für Unternehmen aus dem klassischen Zielmarkt hat die Heidelberger Druck
positionierung der Marke Heidelberg sowie eine Überprüfung der

Markenidentität erfordert. Aber auch der zweite strategische Schritt, die Ergänzung eines weitreichenden Serviceangebotes und umfassender Managementkompetenz, war im Rahmen einer Weiterentwicklung der Markenidentität durchzuführen. In konsequenter Weiterentwicklung der Strategie seit 2008 wurde das Dienstleistungsangebot um die Kompetenz Beratung erweitert. Zugleich wurden Dienstleistungen wie etwa Prozessberatung, Fremdfertigung und Forschung und Entwicklung auch Unternehmen außerhalb der Printmedien-Industrie zugänglich gemacht. Für Unternehmen aus dem klassischen Zielmarkt hat die Heidelberger Druckmaschinen AG das Produkt- und Dienstleistungsangebot neustrukturiert und zu Maßnahmenbündel zusammengefasst, deren Lösungsangebot sich an den wichtigsten Marktentwicklungen in der Printmedienindustrie orientiert: Ökologisches Drucken, Schlanke Produktion, Differenzierung durch Veredelung, Kleinauflagen, Verpackungstrends und Web-to-Print (mit diesem Schritt hat die Heidelberger Druckmaschinen AG ihre Positionierung von Produktkompetenz zur Businesskompetenz vollzogen). Ab 2012 wird ein besonderer Fokus auf Märkte und Trends gesetzt (siehe Abbildung 16).

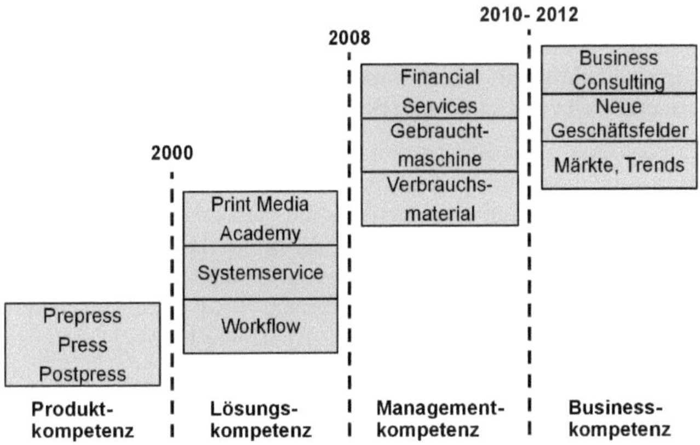

Abbildung 16: Konsequente Weiterentwicklung des Angebotsportfolios: Von der Produkt- über die Lösungs- und Management- zur umfassenden Businesskompetenz

3. Entwicklung einer Markenidentität

Im Zuge der strategischen Neuausrichtung musste grundsätzlich der Paradigmenwechsel vom Produkt- zum Lösungsanbieter auch im Rahmen des Markenauftritts vollzogen werden. Ziel der neuen Markenstrategie ist es, traditionelle Markenwerte (z.B. die Fähigkeit zur technologischen Innovation) mit „neuen“ Markenwerten zu verbinden, wie bspw. Kompetenz in druckbezogenen IT-Lösungen oder weiteren Kompetenzfeldern wie umfassende Service- und Beratungsangebote.

Um die Position der Marke Heidelberg bestimmen zu können, wurden ab 1999 mehrere Studien durchgeführt. Obwohl sich die Marke Heidelberg durch Attribute und Produkteigenschaften wie **hohe Qualität, Kompetenz im Offsetdruck, Marktführer, erfolgreich, international, zuverlässig** auszeichnet, liegt ein Kernelement der Differenzierung im starken Image der Marke Heidelberg – sekundär in einzelnen Produkten. Verbesserungspotenziale weisen die Bereiche Serviceorientierung, Beschwerdemanagement oder Beratungskompetenz auf. Durch die Studienergebnisse wurde die Markenidentität anhand des „Eisberg“-Modells neu definiert. Die Markenidentität wurde mithilfe des Markensteuerrads, eines der zentralen Instrumente zur Ableitung einer Markenidentität aus externer und interner Markenwahrnehmung entwickelt. In einem weiteren Schritt galt es die Markenidentität in Produktdesign, Corporate Design und Corporate Behavior zu „übersetzen“.

Zur „drupa“ 2012 (Internationale Fachmesse für Druck) war die Transformation der Heidelberger Druckmaschinen AG von Produktkompetenz zum Anbieter von Businesskompetenz vollzogen und zeigte sich auch im Auftritt auf der Messe und den nachfolgenden Maßnahmen zur Stärkung der Markenidentität. Eine entsprechende Feinjustierung der Unternehmens- und Markenpositionierung wurde damit unabdingbar (siehe Abbildung 17).

4. Transfer der Markenidentität

4.1 Markenarchitektur und Dachmarkenstrategie

Als Folge des schnellen Wachstums kam es zu einem heterogenen Markenauftritt durch die Eingliederung neuer Geschäftsbereiche und dem Anwachsen des Produktportfolios. So wurden ganz unterschiedliche Arten von Botschaften direkt mit dem Heidelberg-Logo verknüpft. Zur Behebung dieser Heterogenität wurde zunächst eine Dachmarke plus Submarken mit eigenem Logo aufgebaut; und später durch ein geschlossenes Logo einer reinen Dachmarke ersetzt. Sämtliche Produkte waren unterhalb der Dachmarke zu positionieren; für spezifische Leistungsgruppen wurden Subidentitäten entwickelt (siehe Abbildung 18).

- Transfer der zentralen Markenwerte auf alle Produkte und Dienstleistungen
- Fokus auf ein einheitliches Corporate Design und ein Logo mit Schutzzone
- Positionierung der einzelnen Produkte unterhalb der Dachmarke
- Subidentitäten für spezielle Leistungsgruppen

	Vor 2000: Produkt-kompetenz	**2000-2004: Lösungs-kompetenz**	**2004-2010: Management-kompetenz**	**Nach 2010: Business-kompetenz**
"Wer bin ich" **(Brand essence)**	"Heidelberg: Your strong global and innovative partner"	"Only Heidelberg provides the Print Media Industry with integrated, open solutions and services"	„Strength, Closeness, Trust"	„Strength, Closeness, Trust"
„Core Brand Values"				
„Wie bin ich?" **(Brand tonality)**	„Successful innovative, Experienced"	"Precise premium, Fascinating"	„I need a committed partner with premium quality equipment, flexible solutions and services. A partner who can provide new ideas and opportunities for my business success"	„I need a committed partner providing products, flexible solutions and services on premium level which are not only focused on my needs but also give me the flexibility of adaption to changing market trends. A partner who not only contributes with new ideas and opportunities to my business success but also broadens visions and plays a forward taking role."
„Customer Insight"				

Abbildung 17: Entwicklung der Markenidentität

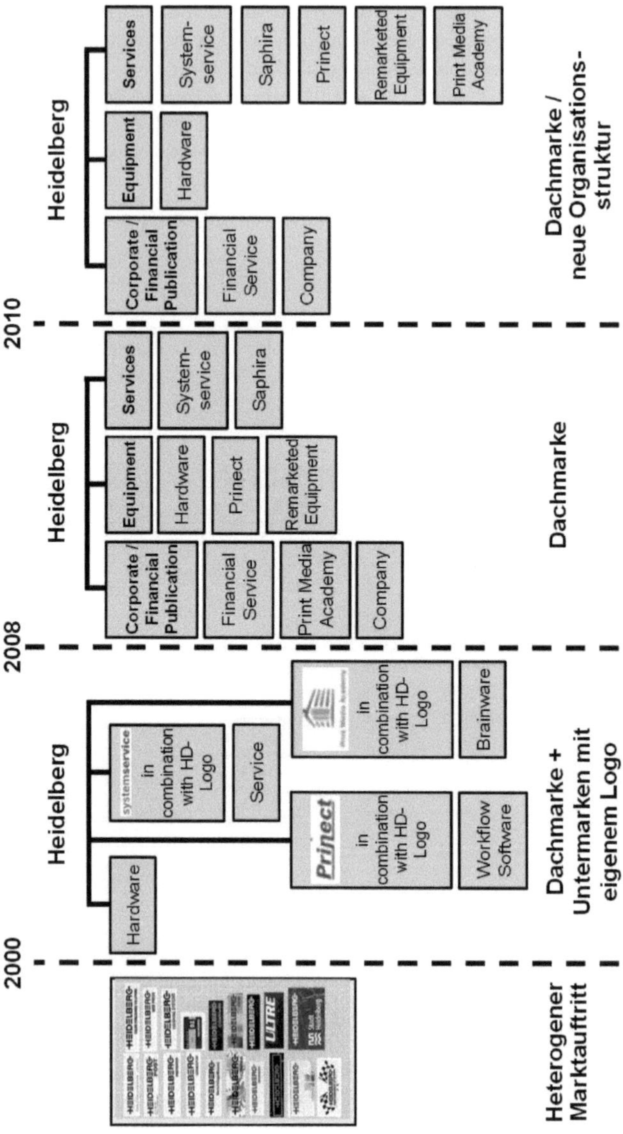

Abbildung 18: Die Umsetzung der Dachmarkenstrategie

Das Heidelberg Logo soll als Absender und Leistungsversprechen zugleich der universelle Bezugspunkt für Kunden, Mitarbeiter und Lieferanten sein. Die neue Dachmarkenarchitektur basiert auf den drei Gruppen Company, Products und Services, die sich konstant in allen Kommunikationsmitteln wiederfinden:

- Company: Corporate/Financial Publications
- Products: Hardware
- Services: Systemservice, Servicemarke „Saphira", Print Media Academy, Financial Services, Software (Prinect) und Gebrauchtmaschinen (Remarketed Equipment)

4.2 Corporate Design und Produktdesign

Der inkonsistente Unternehmensauftritt vor 2000 äußerte sich ebenfalls in einem uneinheitlichen Corporate Design und Produktdesign, welche es ebenfalls grundlegend zu überarbeiten galt (siehe Abbildung 19).

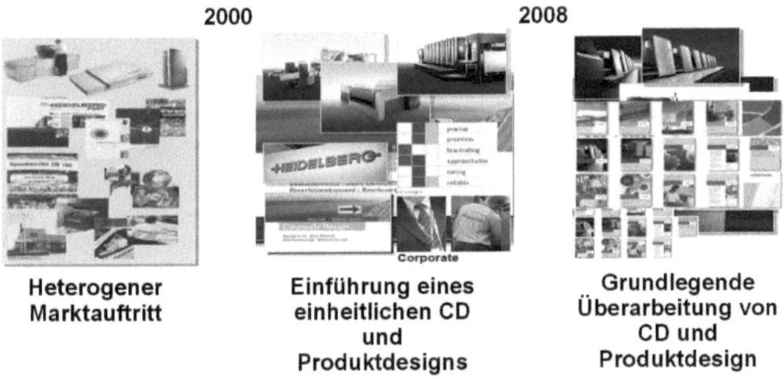

Silber: Image- und unternehmensbezogene Publikationen und Financial Publications
Blau: Hardware
Rot: Systemservice, Servicemarke „Saphira", Print Media Academy, Financial Services, Software („Prinect") und Gebrauchtmaschinen („Remarketed Equipment")

Abbildung 19: Einführung und Überarbeitung eines einheitlichen CD und Produktdesigns

Auch im Produktdesign, das nach 2000 entwickelt wurde, drückten sich die abstrakten Versprechen „Höchste Qualität, Innovation, Faszination und Zuverlässigkeit" aus. Die aktuelle Überarbeitung des Erscheinungsbilds 2008 baut auf dem auf, was Kunden, Mitarbeitern und Lieferanten seit Jahren vertraut ist. Grundsätzlich soll das neue Corporate Design die Prägnanz des Markenauftritts erhöhen und zu einer schnelleren Wiedererkennung führen. Hierbei stehen die verschiedenen Farbtöne für jeweils ein Geschäftsfeld:

- Silber: Image- und unternehmensbezogene Publikationen sowie Financial Publications, Print Media Academy und Financial Services
- Blau: Hardware
- Rot: Service-, Software- und Verbrauchsmaterialangebote (Systemservice, „Saphira")

5. Markenmanagement und Kommunikationsstrategie

5.1 Einführung und Erweiterung des Zielgruppenverständnisses

Um Kundenansprache spezifischer und individueller zu bedienen, bedurfte es einer ganzheitlichen Marktsegmentierung zur effizienteren Marktbearbeitung. Demnach lassen sich die Heidelberg-Nachfrager in sechs Kundensegmente untergliedern, wobei zunächst zwischen indirekten Zielgruppen (u.a. Printmedien-Entscheider, Investoren, Öffentlichkeit, Fachpresse etc.) und der direkten Zielgruppe differenziert wurde (siehe Abbildung 20).

5.2 Zielgruppenspezifische „Push + Pull"-Kommunikation

Push-Aktivitäten sprechen die direkten Kunden, bspw. Drucker, an: Der inhaltliche Fokus liegt auf Produkten (bspw. technische Informationen zu Maschinen) und Lösungen/Anwendungen (Kundenmagazine und Kataloge). Darüber hinaus adressiert die Heidelberger Druckmaschinen AG ebenfalls die Kunden der Kunden: Printmedien-Entscheider als indirekte Kunden. Durch **Pull-Aktivitäten** wird der Fokus auf die Marke gelegt. Mehr als bei den direkten Kunden, spielen hier vor allem Marken-Kampagnen und der Internetauftritt eine entscheidende Rolle. Aber auch Veranstaltungen, bei denen nicht nur die Marke, sondern auch der (erweiterte) Lösungsansatz weiterverbreitet wird, sind Teil der Pull-Aktivitäten.

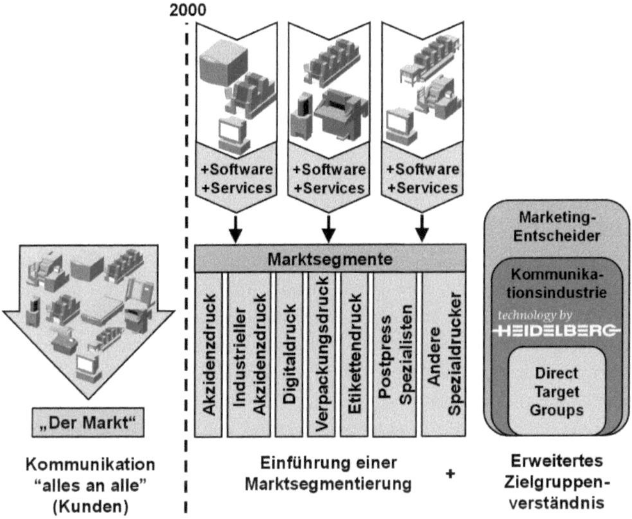

Abbildung 20: Einführung einer Marktsegmentierung und erweitertes Zielgruppenverständnis

5.3 Integrierter Medienmix

Auch der Einsatz und das Zusammenspiel verschiedener Medien und Kommunikationskanäle haben sich mit der strategischen Neuausrichtung des Unternehmens nach 2000 entscheidend verändert und weiterentwickelt: Waren es vor 2000 vor allem punktuelle (Einzel-)Kommunikationsmaßnahmen, die in keinerlei Beziehung zueinander standen, so wurden diese in der ersten Ausbaustufe weltweit im Hinblick auf off- und online aufeinander abgestimmt: Einen wirklichen Durchbruch jedoch brachte der neue Ansatz der integrierten Kommunikation. Aufbauend auf dem abgewandelten AIDA-Konzept basiert dieser Ansatz auf fünf ineinander greifenden Stufen: **Awareness, Interest, Desire, Fulfillment** und **After Sales**. Während auf den ersten Stufen vor allem „Instruments of Communication" wie PR, Advertising, Direct Mail oder Collateral dominieren, so sind dies im zweiten Teil des integrierten Kommunikationsprozesses die „Intruments of Customer Treatment" wie Trade Show and Events, Kundendemonstrationen in den Showrooms, Customer Consultancy, Training Material oder auch Trainings der Print Media Academy. Durch die erfolgreich implementierte Markenstrategie ist die Marke „Heidelberg“ sowohl in Brand iconography als auch in Brand value gestiegen.

5.4 Globale Markenführung

Auch die weltweite Markenführung stellt einen wesentlichen Baustein des Erfolgs der Marke **Heidelberg** dar. Über 80% des Umsatzes wird außerhalb Deutschlands erzielt. Darüber hinaus spielt auch der Gedanke „create once, use many times“ zur Erzielung von mehr Effizienz eine große Rolle. Im Rahmen der globalen Markenausrichtung sind lokale Besonderheiten zu berücksichtigen. Hierbei gilt es einen gesunden Mix zu finden, in dem zum einen internationale Teams agieren und zum anderen bestimmte Kommunikationsmaßnahmen auf lokaler Ebene entwickelt und implementiert werden. Bei Letzterem werden die lokal ausgestalteten Designs auf Konformität zu den global gültigen Design-Richtlinien geprüft und somit die Einhaltung des Corporate Designs sichergestellt.

Fragen zur Fallstudie

[1] Worin liegt der Unterschied nach der Neuausrichtung des Unternehmens als „Lösungsanbieter“?

[2] Welche Faktoren des „Eisberg“-Modells liegen oberhalb der Oberfläche, welche unterhalb?

[3] Nennen und bewerten Sie verschiedene Instrumente der Markenkommunikation!

[4] Welche konkreten Punkte tragen zur Kostensenkung im Marketing bei?

Literaturverzeichnis

Albaum, G./Duerr, E., 2011: International Marketing and Export Management, Seventh Edition., München.

Albers, S./Clement, M./Skiera, B., 2001: Wie sollen Produkte vertrieben werden? Distributionspolitik, in: *Albers, S./Clement, M./Peters, K./Skiera, B.* (Hrsg.): eCommerce, 2. Aufl., Frankfurt a. M.

Backhaus, K./Voeth, M., 2010: Internationales Marketing, 6. Aufl., Stuttgart.

Backhaus, K./Voeth, M., 2014: Industriegütermarketing, 10. Aufl., Stuttgart.

Bea, F.X./Bentel, R., 1992: Die Bedeutung des Exports für die Entwicklung der Kosten und die Gestaltung der Preise, in: *Dichtl, E./Issing, O.* (Hrsg.): Exportnation Deutschland, 2. Aufl., München.

Berekoven, L., 1985a: Internationales Marketing, 2. Aufl., Herne/Berlin.

Berndt, R./Fantapié Altobelli, C./Sander, M., 2010: Internationales Marketing-Management, Heidelberg.

Busch, R./Fuchs, W./Unger, F., 2008: Integriertes Marketing: Strategie – Organisation – Instrumente, 4. Aufl., Wiesbaden.

Cateora, P.R./Gilly, M.C./Graham, J.L., 2013: International Marketing, Sixteenth Edition, New York.

Cavusgil, T./Knight, G./Riesenberger, J., 2014: International Business: The New Realities, Third Edition, Boston.

Chaffey, D./ Ellis-Chadwick, F., 2012: Digital Marketing: Strategy, Implementation and Practice, Fifth Edition, London.

Czinkota, M.R./Ronkainen, I.A., 2013: International Marketing, Tenth Edition, Mason.

Diller, H., 1989: Preispolitik, in: *Macharzina, K./Welge, M.K.* (Hrsg.): Handwörterbuch Export und Internationale Unternehmung, Stuttgart, Sp. 1682ff.

Dornis, P., 1971: Public Relations der internationalen Unternehmung, Meisenheim 1971.

Dornis, P., 1981: Public Relations in internationalen Unternehmen. Ein Entscheidungsgrundriß, in: *Wacker, W.H./Haussmann, H./Kumar, B.* (Hrsg.): Internationale Unternehmensführung, Berlin, S. 335ff.

Drumm, H.J., 1989: Transferpreise, in: *Macharzina, K./Welge, M.K.* (Hrsg.): Handwörterbuch Export und Internationale Unternehmung, Stuttgart, Sp. 2077ff.

EconomyDesk.com, 2010: The World´s Top 50 Ad Agency Companies in World 2010, www.economydesk.com, downlaod, 15.10.2011.

EHI Retail Institute, Fraunhofer IML (Materialfluss und Logistik), 2011: Handelslogistik: Einflussfaktoren und Strategien, 2011.

EIAA, 2010: European Media Landscape Report, www.iabeurope.eu, Abrufdatum 15.10.2010.

Endmark Claim Studie, 2009: www.markenlexikon.com/texte/endmark_claim-studie_2009.pdf., Abrufdatum 2009.

Europäische Kommission – Steuern und Zollunion, 2011: Steuerentwicklungen in der EU, www.europa.eu, Abrufdatum, 01.07.2011.

Fisher, A.B., 1984: The Ad Biz glooms onto „global“, in: Fortune, Jg. 110, Nr. 11, S. 62ff.

Fritz, W./von der Oelsnitz, D., 2006: Marketing: Elemente marktorientierter Unternehmensführung, 4. Auflage, Stuttgart.

Gassmann, O., 2001: E-Technologien in dezentralen Innovationsprozessen, in: Zeitschrift für Betriebswirtschaft, Jg. 71, Ergänzungsheft Nr. 3, S.73ff.

Geis, I., 2001: Recht im eCommerce, Neuwied/Kriftel.

Gilligan, C./Hird, M., 1986: International Marketing: Strategy and Management, London.

Heinemann, C./Priess, S., 2000: Wie bekomme ich mein Geld? – Zahlungssysteme im Internet, in: *Albers, S./Clement, M./Peters, K./Skiera, B.* (Hrsg.): eCommerce, 2. Aufl., Frankfurt a. M., S. 165ff.

Hollensen, S., 2014: Global Marketing – a decision-oriented approach, Sixth Edition, Harlow.

Holmes Report, 2011: Global Rankings & Agency Report Card Site Launched, www.holmesreport.com, Abrufdatum, 18.12.2011.

Homburg, C., 2014: Marketingmanagement: Strategie – Instrumente – Umsetzung – Unternehmensführung, 5. Aufl., Wiesbaden.

Homburg, C./Krohmer, H., 2009: Marketingmanagement: Strategie – Instrumente – Umsetzung – Unternehmensführung, 3. Auflage, Wiesbaden.

Homburg, C./Kuester, S./Krohmer, H., 2013: Marketingmanagement: A Contemporary Perspective, Second Edition, New York.

Hoyer, W.D./MacInnis, D.J., 2001: Consumer Behavior, 2. Aufl., Boston.

Hünerberg, R., 1994: Internationales Marketing, Landsberg am Lech.

Innofact AG, 2011: Beachtung von Kommunikationsmitteln durch deutsche Konsumenten www.innofact.de, Abrufdatum, 07.2011.

Internet World Stats, 2011: Internetnutzer in unterschiedlichen Weltregionen, www.internetworldstats.com, Abrufdatum, 03.2011.

Jain, S.C., 2001: International Marketing, Sixth Edition, Mason.

Jobber, D./Ellis-Chadwick, F., 2012: Principles and Practices of Marketing, Seventh Edition, New York.

Keegan, W.J./Schlegelmilch, B.B./Stöttinger, B., 2002: Globales Marketing-Management: eine europäische Perspektive, München.

Kotabe, M./Helsen, K., 2014: Global Marketing Management, Sixth Edition, New York.

Kotler, P./Armstrong, G./Saunders, J./Wong, V., 2010: Grundlagen des Marketing, 5. Aufl., München.

Kreutzer, R., 1989a: Global Marketing – Ansatzpunkte und Erfolgsbedingungen, in: *Raffée, H./Wiedmann, K.-P.* (Hrsg): Strategisches Marketing, 2. Aufl., Stuttgart, S. 539ff.

Kreutzer, R./Segler, K., 1989: Awareness Advertising, in: *Macharzina, K./Welge, M.K.* (Hrsg.): Handwörterbuch Export und Internationale Unternehmung, Stuttgart, Sp. 184ff.

Levitt, T., 1983: The Globalization of Markets, in: Harvard Business Review, Jg. 61, Nr. 3, 1983, S. 92ff.

Lorimor, E.S., 1979: A Look at some Articles in International Advertising and Marketing, in: *Dunn, S.W./Lorimor, E.S.* (Hrsg.): International Advertising and Marketing, Columbus, S. 55ff.

Macharzina, K., 1976: Die Bedeutung verhaltenstheoretischer Aussagen für kosten- und leistungsorientierte Planungs- und Kontrollrechnungen, in: *Coenenberg, A.G.* (Hrsg.): Unternehmensrechnung, München, S. 324ff.

Meffert, H., 1989a: Globale Marketingstrategien, in: *Macharzina, K./Welge, M.K.* (Hrsg.): Handwörterbuch Export und Internationale Unternehmung, Stuttgart, Sp. 1412ff.

Meffert, H./Althans, J., 1982: Internationales Marketing, Stuttgart.

Meffert, H./Burmann, C./Becker, C., 2010: Internationales Marketing-Management, 4. Aufl., Stuttgart.

Meffert, H.,/Burmann, C./Kirchgeorg, M., 2015: Marketing: Grundlagen marktorientierter Unternehmensführung. Konzepte – Instrumente – Praxisbeispiele, 12. Aufl., Wiesbaden.

Mooij, M., 2011: Consumer Behavior and Culture – Consequences for Global Marketing and Advertising, Second Edition, London.

Mooij, M., 2014: Global Marketing and Advertising – Understanding Cultural Paradoxes, Fourth Edition, London.

Müller, S./Gelbrich, K., 2012: Interkulturelles Marketing, 2. Aufl., München.

Naisbitt, J., 1984: Megatrends, Bayreuth.

Nieschlag, R./Dichtl, E./Hörschgen, H., 2002: Marketing, 19. Aufl., Berlin.

Pausenberger, E., 1992: Konzerninterner Leistungsaustausch und Transferpreispolitik in internationalen Unternehmen, in: *Kumar, N.B./ Hanesmann, H.* (Hrsg.): Handbuch der Internationalen Unternehmenstätigkeit, München, S. 776ff.

Peebles, D.M./Ryans, J.K./Vernon, I.R., 1977: International Advertising Strategy: A new perspective on advertising standardisation, in: European Journal of Marketing, Jg. 11, S. 571ff.

Perlitz, M., 1985a: Country-Portfolio Analysis – Assessing Country Risk and Opportunity, in: Long Range Planning, Jg. 18, Nr. 4, S. 11ff.

Perlitz, M./Schrank, R, 2013: Internationales Management, 6. überarbeitete Auflage, UVK Lucius, München 2013

Perlmutter, H.V., 1973: The Tortuous Evolution of the Multinational Corporation, in: Kapoor, A.A./Grub, P.D. (Hrsg.): The Multinational Enterprise in Transition, Princeton, S. 53ff.

Peter, J.P./Olson, J.C., 2004: Consumer Behavior and Marketing Strategy, Seventh Edition, Boston.

Pietsch, D., 2002: Das neue Vertriebs- und Produktionssystem der BMW-Group: Kundenorientierter Vertriebs- und Produktionsprozess (KOVP); in: Zeitschrift für die gesamte Wertschöpfungskette Automobilwirtschaft (ZfAW).

Pietsch, D., 2003: Totaler Kundenfokus – Innovative Ansätze zur Kundenorientierung am Beispiel der BWM Group, in: Peske,T.; Schrank, R.: Strategie, Innovation & Internationalisierung, Lohmar.

Pietsch, D./Strunkmann-Meister, P., 2005: in: Zeitschrift für die gesamte Wertschöpfungskette Automobilwirtschaft (ZfAW), Nr. 2.

Pitcher, A.E., 1985: The Role of Branding in International Advertising, in: International Journal of Advertising, Jg. 4, S. 244ff.

Raffée, H./Segler, K., 1984: Marketingstrategien im Export, in: Dichtl, E./Issing, O. (Hrsg.): Exporte als Herausforderung für die deutsche Wirtschaft, Köln, S. 277ff.

Raffée, H./Wiedmann, K.-P., 1989: Strategisches Marketing, 2. Aufl., Stuttgart.

Root, F.R., 1994: Entry Strategies for International Markets, Second Edition, Lexington, Massachusetts.

Scheuch, F., 1989: Distributionspolitik, in: *Macharzina, K./Welge, M.K.* (Hrsg.): Handwörterbuch Export und Internationale Unternehmung, Stuttgart, Sp. 350ff.

Schikarski, H./Schikarski, F., 1998: Internationales Marketing, Berlin.

Schinzer, H, 2001.: Zahlungssysteme im Internet, in: *Hermanns, A./Sauter, M.* (Hrsg.): Management-Handbuch Electronic Commerce, 2. Aufl., München, S.393ff.

Schnauffer, R., 1999: Internationale Kommunikationspolitik für Investitionsgüter, Wiesbaden.

Schneider, D.J.G., 1992: Distributionspolitik und Vertriebswege bei internationaler Unternehmenstätigkeit, in: *Kumar, N./Haussmann, H.* (Hrsg.): Handbuch der internationalen Unternehmenstätigkeit, München, S. 736ff.

Segler, K., 1986: Basisstrategien im internationalen Marketing, Frankfurt a. M./New York.

Simon, H./Fassnacht, M., 2009: Preismanagement: Strategie – Analyse – Entscheidung – Umsetzung, 3. Aufl., Wiesbaden.

Simon, H./Fassnacht, M., 2009: Preismanagement: Strategie-Analyse-Entscheidung-Umsetzung, 3. vollständig überarbeitete Auflage, Wiesbaden.

Simon, H./Wiese, C., 1995: Internationale Preispolitik, in: *Hermanns, A./Wissmeier, K.* (Hrsg.): Internationales Marketing Management, München, S. 255ff.

Skiera, B./Schäfers, B., 2001: Online-Auktionen, in: *Albers, S./Clement, M./Peters, K./Skiera, B.* (Hrsg.): Marketing mit interaktiven Medien, 3. Aufl., Frankfurt a. M., S.282ff.

Sommer, C., 1994: Falsche Signale, in: Manager Magazin, Jg. 24, Nr. 6, S. 160ff.

Sothmann, T., 2010: Der Fremdvergleich als Maßstab der Verrechnungspreise: Gewinnabgrenzung zwischen verbundenen Unternehmen bei grenzüberschreitenden Transaktionen, AVM: München.

Spann, M./Soukhoroukova, A., 2007: Absatzprognosen in der Medienbranche, in: Zeitschrift für Medienmanagement und Kommunikationsökonomie, Jg. 4, Heft Nr. 3, S. 18–29.

Steffens, S., 1982: Werbepolitik multinationaler Unternehmungen, Berlin.

Steger, U./Riedl, C., 2002: Sozio-ökonomische Ressentiments gegenüber Direktinvestitionen – Ursachen und betriebswirtschaftliche Möglichkeiten ihrer Handhabung, in: *Macharzina, K./Oesterle, M.-J.* (Hrsg.): Handbuch Internationales Management. Grundlagen – Instrumente – Perspektiven, 2. Aufl., Wiesbaden, S. 969ff.

Stolpmann, M., 2002: Die Stellung des Internet im Rahmen integrierter Kommunikation, in: *Conrady, R./Japersen, T./Pepels, W.* (Hrsg.): Online-Marketing-Instrumente, Neuwied/Kriftel, S. 87ff.

Strauss, J./Frost, R., 2014: E-Marketing, Seventh Edition, Upper Saddle River.

Terpstra, V./Sarathy, R., 1991: International Marketing, Ninth Edition, Fort Worth.

Thomas, B./Housden, M., 2002: Direct Marketing in Practice, New York.

Tietz, B./Zentes, J., 1980: Die Werbung der Unternehmung, Hamburg.

Tostmann, T., 1984: Möglichkeiten und Grenzen internationaler Werbekampagnen, in: Hermanns, A./Meyer, A. (Hrsg.): Zukunftorientiertes Marketing für Theorie und Praxis, Berlin, S. 220ff.

Vossen, K./Reinhardt, F.A., 2003: Der launische Konsument, Berlin.

Wack, P., 1983: Tree-Matrix, Internes Papier der Shell International (unveröffentlicht), London.

Wallace, C.D., 1990: Foreign Direct Investment in the Third World – U.S. Corporations and Government Policy, in: Wallace, C.D. (Hrsg.): A New Climate in the Third World, Dortrecht/Boston, Massachusetts/London, S. 148ff.

Wöhrle, W./Schelle, D./Groß, E., 1985: Außensteuergesetz 1973, Kommentar, Stuttgart, Stand 1985.

Zentes, J./Swoboda, B./Schramm-Klein, H., 2013: Internationales Marketing, 3. Aufl., München.

Stichwortverzeichnis